PROJET

DE

COLONAGE VITICOLE

Précédé

D'UN EXAMEN DE LA SITUATION AGRICOLE DES PAYS MAIGRES

SOUS LE RÉGIME DE LA LIBERTÉ COMMERCIALE;

Comprenant de plus

UNE ÉTUDE DE LA LÉGISLATION DE L'IMPOT SUR LE VIN,

NOTAMMENT EN CE QUI CONCERNE LES DROITS PERÇUS
PAR L'OCTROI DE LA VILLE DE PARIS

PAR

GEORGES DUPUY

L'exploitation viticole, dont l'auteur a consigné les résultats, a obtenu, au concours de 1862,
de la Société d'agriculture de Tours, une médaille de vermeil (grand module).

PARIS

GUILLAUMIN
LIBRAIRE-ÉDITEUR,
14, rue Richelieu, 14

LIBRAIRIE AGRICOLE
DE LA MAISON RUSTIQUE,
26, rue Jacob, 26

1868

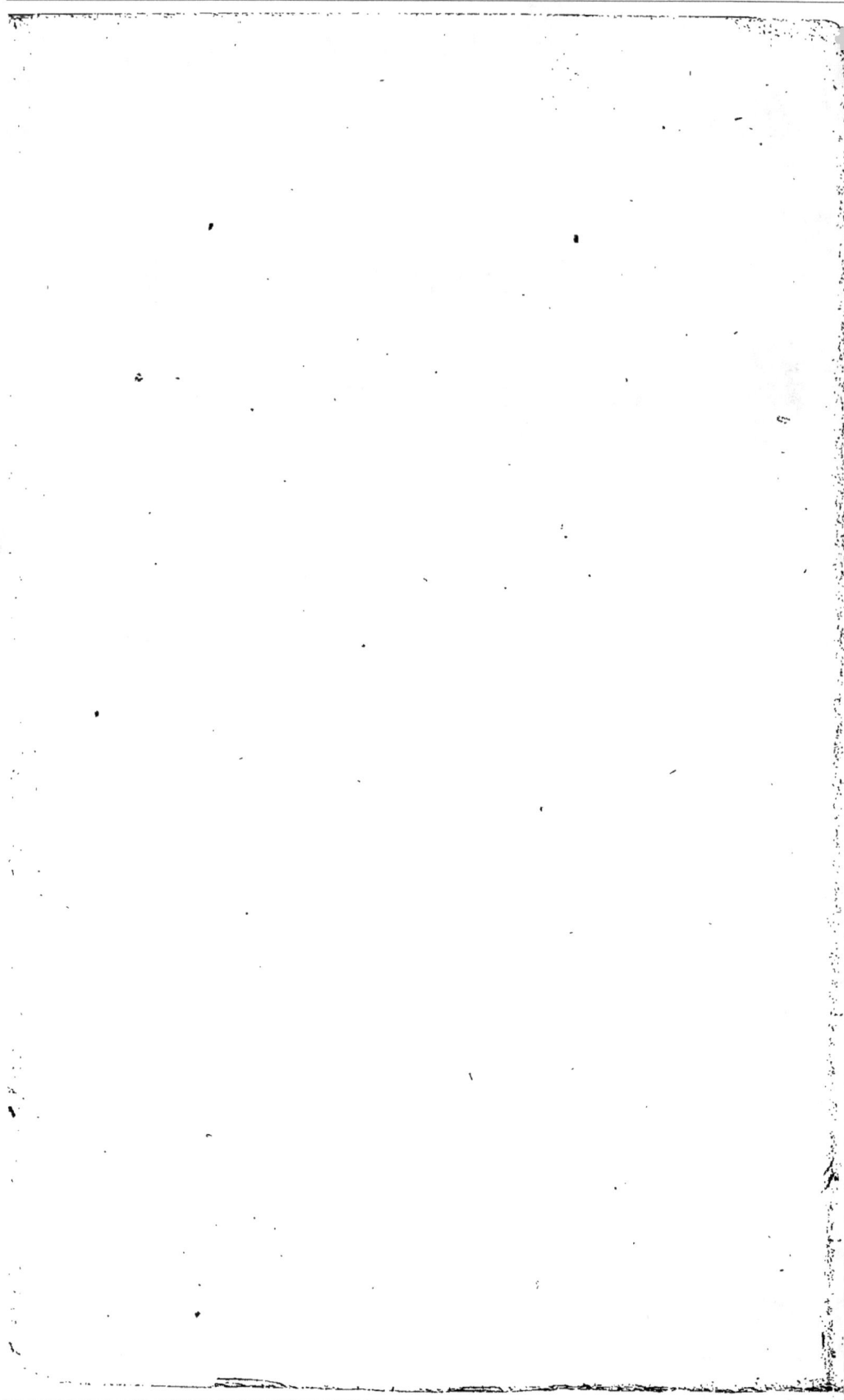

PROJET

DE

COLONAGE VITICOLE

Précédé

D'UN EXAMEN DE LA SITUATION AGRICOLE DES PAYS MAIGRES

SOUS LE RÉGIME DE LA LIBERTÉ COMMERCIALE;

Comprenant de plus

UNE ÉTUDE DE LA LÉGISLATION DE L'IMPOT SUR LE VIN,

NOTAMMENT EN CE QUI CONCERNE LES DROITS PERÇUS
PAR L'OCTROI DE LA VILLE DE PARIS

PAR

GEORGES DUPUY

L'exploitation viticole, dont l'auteur a consigné les résultats, a obtenu, au concours de 1862
de la Société d'agriculture de Tours, une médaille de vermeil (grand module).

PARIS

GUILLAUMIN	LIBRAIRIE AGRICOLE
LIBRAIRE-ÉDITEUR,	DE LA MAISON RUSTIQUE,
14, rue Richelieu, 14	26, rue Jacob, 26

1868

AVANT-PROPOS

Le livre que je publie aujourd'hui traite de la culture de la vigne sous un régime qui n'a pas encore été mis en usage. Ce régime est celui du colonage partiaire, placé dans les conditions spéciales que j'indiquerai.

Je crois l'idée juste; du moins, je l'ai mûrie longtemps. Mais en lui signant sa feuille de route, je ne me fais pas illusion sur les difficultés qu'elle aura à se faire adopter: c'est le sort commun des innovations de rencontrer de l'opposition dès qu'elles tendent à se produire. Beaucoup ne s'en relèvent point; quelques-unes y puisent une force nouvelle. Comment le système que j'expose sera-t-il accueilli? je l'ignore. Ce qui ne saurait être douteux, c'est qu'il soulèvera des critiques. Il bat trop en brèche l'ordre de choses établi; il brise trop complétement avec les pratiques du passé pour ne pas compter beaucoup d'adversaires.

Qu'importe?

J'ai la foi la plus vive dans la solidité des principes que

j'expose. Ces principes, j'en ai cherché la source dans des études consciencieuses. Je les expliquerai dans l'ordre qui m'a semblé le plus logique et avec tout le développement qu'ils comportent. Je le ferai simplement, sans le souci exagéré de la forme, en m'appliquant surtout à donner des chiffres vrais, et a n'avancer que des faits irrécusables et scrupuleusement contrôlés par moi.

Du reste, les circonstances qui ont concouru à me donner l'idée de ce livre sont telles qu'elles ôtent tout caractère de précipitation à la confection même de mon travail.

Il y a douze ans que j'assiste, dans ma région, à la transformation de la culture de la vigne et à son complet triomphe. M'est-il permis d'ajouter que, depuis le même temps, je fais l'application directe des procédés nouveaux, que j'emploie la charrue à la culture de mes vignes et que je suis conséquemment bien placé pour constater les avantages propres à cette méthode?

En présence des succès prestigieux qu'obtient la culture de la vigne dans toute la contrée que j'habite, l'idée du colonage viticole m'est venue de bonne heure. Il s'agissait, en effet, d'étendre les bienfaits de cette culture à une immense étendue de terres, dont la production céréale, sous le régime actuel, est loin d'être rémunératrice. Mais j'ai toujours différé d'exposer mon idée, attendant patiemment que j'eusse fait une longue expérimentation personnelle, non du système lui-même, mais de ses principaux faits constitutifs, pour être en mesure d'en appuyer le projet théorique sur des résultats acquis et incontestables.

Les chiffres que j'ai consignés dans cet opuscule ont

donc été empruntés à ma propre exploitation ; car j'ai toujours pensé que les faits spéculatifs, qui servent de base aux systèmes des novateurs, devaient avoir comme principal élément de succès la consécration d'une longue et large pratique.

Enfin, quand mon travail fut en cours d'exécution, je me dis que c'était une pensée hardie, outrecuidante peut-être, de prétendre signaler ainsi à toute une contrée la fausse route où sa culture est engagée, et de conclure à une transformation coûteuse de celle-ci, ce qui ne saurait être sans danger, en cas d'insuccès. J'ai cru devoir alors m'assurer de l'adhésion de certaines personnes que je savais être plus particulièrement compétentes, et je dois dire que nulle part cette adhésion ne m'a fait défaut.

Je fis plus ; mon travail terminé, je l'oubliai quelque temps avant de le livrer à la publicité. J'étais désireux d'employer à son endroit un procédé bien connu, que les peintres désignent sous le nom de *mouvement de recul*, et qu'ils appliquent à leurs tableaux pour en juger les groupes à distance. C'est à distance aussi que, par un sentiment de défiance de moi-même, j'ai voulu considérer mon travail. Il m'a semblé que mon esprit, dégagé alors des idées préconçues qui auraient pu l'abuser, devait être plus apte à saisir le plan général de l'ouvrage, comme à apprécier, sous son véritable jour, le faisceau d'arguments qui constitue le système.

Ces précautions prises, c'est avec confiance que je soumets ce livre aux lecteurs, — si lecteurs il a.

Je sais fort bien que se faire lire n'est pas une fortune

réservée à tous. Un système peut donc avoir une valeur sérieuse et demeurer stérile faute de pouvoir percer son obscurité native.

Quelque jugement qu'il convienne de porter sur le mérite de cette publication, il faut bien l'avouer, l'autorité du nom manque à celui qui la signe ; et de là naît le premier obstacle à la propagation de l'idée qu'elle renferme.

Nous voulons croire, toutefois, que la bienveillance peut y suppléer, et que les personnes, entre les mains desquelles tombera ce volume, voudront bien ne pas lui refuser ce premier regard qui, parfois, suffit à commencer la sympathie.

La Bretêche, août 1867.

PROJET

COLONAGE VITICOLE

CHAPITRE Ier.

DE LA TERRE.

Ma conviction est que les hommes sont nés pour établir entre eux une communauté entière des biens de la
terre.

Il ne faut pas voir dans l'énoncé de cette proposition
un acquiescement quelconque aux théories socialistes et
communistes qui ont eu cours il y a quelque vingt ans.

Le bon sens public a fait justice de ces utopies, et il
ne saurait plus en être question dans un ouvrage qui se
recommande à l'attention des gens sérieux, tant leur réfutation est chose facile.

L'idée de travail est, en effet, inhérente à la constitution
de toute société.

La richesse, d'autre part, n'est à l'origine que le fruit du travail.

Or, le travail est un acte libre, puisqu'il dépend de chacun d'agir ou de ne pas agir, selon sa volonté.

La proportionnalité de la cause entraîne nécessairement la proportionnalité de l'effet.

Le produit du travail, qui appartient en propre à son auteur, varie donc comme le travail lui-même. De là l'inégale répartition de la richesse, ce qui est destructif de toute idée de communauté des biens de ce monde, du moins dans le sens étroit d'un égal droit de propriété pour chacun.

Mais cette même communauté des biens terrestres peut-être envisagée à un autre point de vue, qui est celui d'un échange large et continu de toutes les choses de la nature et de l'industrie.

C'est à ce sens que se rapporte la proposition que j'ai émise au début de ce chapitre.

J'ai voulu dire que tous les peuples, à quelque lieu du globe qu'ils appartiennent, me semblaient nés pour échanger entre eux les produits du sol et du génie humain, de manière que tous pussent retirer le bénéfice direct ou indirect de l'universalité des productions terrestres.

Partant de ce principe, je crois que Dieu a dû doter le coin le plus ignoré de la terre habitable d'une somme de biens échangeables, sinon partout égale, du moins telle que chaque peuple pût trouver dans le sol qu'il foule de quoi subvenir à ses besoins d'abord, et ensuite de quoi maintenir, sans grande variation, le niveau de son bien-être à la hauteur où l'élève partout ailleurs la civilisation du moment.

Les délimitations de frontières, telles que cours d'eau, chaînes de montagnes et autres, ne sont que des néces-

sités de l'organisation sociale imposées aux États par la
nature même des choses.

Cette dispersion de la famille humaine par groupes
diversement réunis en corps de société rend seule possible même, à cause des limites restreintes où chaque
peuple se meut, le fonctionnement complexe de leurs
constitutions distinctes.

Bien mieux, en protégeant plus efficacement les individus, et en rapportant à chacun d'eux une plus grande
part dans la somme des biens généraux qu'elle sauvegarde,
la société assure un développement de l'industrie correspondant à la bonne situation particulière de chacun de
ses membres.

C'est la grande loi de la décentralisation qui s'affirme
fortuitement et une fois de plus par la diffusion même des
peuples.

Mais si, comme cela semble logique, l'on considère le
monde seulement comme le grand foyer producteur,
destiné à nourrir, vêtir la masse de la population du globe,
et, en général, à améliorer sans cesse sa condition d'existence, alors, les limites distinctes des territoires con-
ventionnellement admises par les nations n'ont plus leur
raison d'être.

Elles ne pourraient tout au plus conserver leur caractère de nécessité que dans le cas où l'industrie propre
d'une nation se trouvant hors d'état de lutter contre la
concurrence universelle, serait trop gravement atteinte
dans sa situation économique.

Or, l'industrie d'un pays est un corps hétérogène, pourvu
de branches multiples, dont la prospérité se mesure à la
situation de l'ensemble, sans qu'il y ait lieu d'examiner
comment se comporte chacune des parties.

Sur ces bases, l'économie politique appuyée par la

statistique admet, en fait, que le libre échange est de tous les régimes le plus propre au développement de la richesse d'une nation industrieuse et avancée.

Sans doute, certains intérêts privés peuvent se trouver lésés par cette législation.

Sans doute aussi, quand au régime de la protection se substitue celui de la liberté commerciale, il peut arriver que quelques industries rejetées brusquement en dehors des conditions de leur fondation, en éprouvent un préjudice réel.

Mais ce ne sont jamais là que des plaintes isolées et, en fin de compte, la voix de l'intérêt général doit être la plus forte.

D'ailleurs, un principe économique ne saurait être scindé dans son application, s'il ne veut donner lieu à des réclamations inextricables. Une fois admis en thèse, il doit passer à l'état de fait acquis et n'admettre que les modifications qui n'attaquent pas son essence. Notons encore que le libre échange implique forcément l'idée de réciprocité entre les principales nations commerçantes et que son adoption isolée pourrait être fatale. Le seul point capital est de voir s'il est conforme au bien public et au génie de la nation, qui l'applique.

Toutes choses considérées, le libre échange qui est actuellement en vigueur dans notre pays, malgré les objections qu'il peut soulever, me paraît être le régime le mieux approprié au large développement des ressources que présente le sol français.

Les idées théoriques qui précèdent ont pu paraître une digression hors du sujet que fait pressentir le titre de ce livre.

Il n'en est rien. Je tenais à prendre acte de ce fait que la liberté commerciale, dont nous jouissons, est en har-

monie avec le but de la création , et est plus particulièrement avantageux à la France, qui trouve par elle un
plus vaste débouché de ses productions si variées.

J'en infère que ce régime devra se maintenir, ce qui
est un des pivots sur lequel s'appuie mon système.

En restreignant la question du libre échange aux choses
du sol, nous dirons que la terre a partout une qualité relative dont il importe de déterminer la nature. Les mots
de fertilité ou de stérilité qu'on lui applique ont un sens
beaucoup trop restrictif. Dans la pensée de ceux qui les
emploient, ces expressions se rapportent à la culture
usuelle, et on ne songe point que la substitution d'une
culture à une autre peut quelquefois changer complétement la valeur des produits. Là est la science de l'agro-
nome. Mais à un point de vue plus général, une terre a
d'autant plus de prix qu'elle est susceptible de rapporter
davantage, soit que sa richesse se récolte à sa superficie,
soit qu'elle réside dans le sous-sol. Ainsi les terrains
qui recèlent des métaux précieux ou utiles, comme l'or
et le fer, donnent au propriétaire une valeur échangeable
incomparablement supérieure à celle des plus abondantes
récoltes végétales.

Mais laissons ce cas, et n'envisageons la terre qu'au
seul point de vue agricole.

La terre admet diverses cultures ; mais il n'y a, en
somme, que deux sortes de produits : 1° ceux qui servent
à notre alimentation ; 2° ceux qui servent à notre bien-
être.

Au point de vue économique et du progrès, on peut
diviser l'agriculture en deux autres classes bien distinctes ; la première que l'on peut appeler *domestique*, où
l'on produit surtout pour consommer ; la seconde qu'on
peut appeler *industrielle*, où l'on produit surtout pour

vendre. Une grande partie des nations de l'Europe en est encore plus ou moins à la période domestique. La moitié de la France peut aussi être rangée dans cette catégorie. L'autre moitié, comprenant principalement la région nord du territoire, ainsi que l'Angleterre et la Belgique sont arrivées à la seconde.

En ce qui concerne la nature des différentes sortes de cultures observons, toutefois, que la culture alimentaire doit occuper et occupe réellement la première place. Cela se conçoit ; se nourrir, constitue la nécessité la plus impérieuse de toutes.

Supposons, pour un instant, que le territoire, occupé en propre par une nation existe seul, abstraction faite de tous les autres pays. Ce territoire devra être forcément cultivé en vue de fournir la subsistance essentielle à la masse de ses habitants. Or, le pain et, subsidiairement, la viande, formant les principales bases de l'alimentation, la production céréale d'une part, et, d'autre part, l'élevage des animaux dont se nourrit l'homme, deviendront l'objet des deux grandes cultures, qui absorberont toutes les autres, jusqu'à concurrence des besoins de la consommation.

Assurément, cette hypothèse est toute gratuite, si l'on envisage l'état de choses actuel. Cependant, la situation qu'elle établit, se trouvait être en somme celle de tous les pays, sous le régime des siècles passés.

Prenons la France comme exemple.

Dans les anciens âges et jusqu'à la génération qui nous a précédés, la France s'est vue en demeure, sous peine d'avoir à gémir des horreurs de la famine, de produire chaque année elle-même les denrées nécessaires à son alimentation.

Le libre échange qui seul est en état d'affranchir une

nation d'une pareille nécessité ne peut être que le fait d'une civilisation avancée. Au temps dont nous parlons, il n'eût été qu'une lettre morte. L'absence des moyens matériels de transport, comme des voies de grande communication, en eût rendu la pensée à peu près stérile. Aussi partout se mettait-on, par un accord tacite, en mesure de produire assez de blé pour vivre. A diverses époques même, les édits royaux, suspectant la prévoyance publique, prirent le soin de réglementer les limites où se devaient faire certaines cultures de luxe. On ne consultait nullement alors les propriétés spéciales de la terre. Pourvu qu'elle eût chance de germer, la semence du blé était livrée au sol, que celui-ci se prêtât ou non à la culture céréale. Ce qu'on voulait, c'était ajouter le plus possible à la masse totale de la plus précieuse des denrées alimentaires. Vingt-cinq millions d'habitants n'attendaient-ils pas du pain que le pays seul pouvait leur donner ? Sans doute, la récolte était maigre ; sans doute, on n'opérait souvent que sur un sol ingrat. Qu'importait ? Il fallait du blé quand même, si l'on ne voulait pas mourir de faim. Chaque pays, dans ces temps malheureux, était comme une île isolée au sein même de la terre ferme et restait presque inaccessible aux importations étrangères. La production locale devait donc seule couvrir le chiffre de la consommation, et, quelque précaution qu'on prît, on ne réussissait pas toujours à conjurer la famine.

Aujourd'hui, en France comme partout, les conditions sont bien changées.

La vapeur a rapproché les distances. L'association des capitaux, sous l'impulsion de l'école saint-simonienne, a doté l'Europe et, l'on pourrait dire le monde entier, d'un réseau de chemins de fer, dont l'effet a été d'accroître singulièrement les relations internationales. Les canaux, les routes et les chemins d'intérêts locaux ont reçu, de leur côté, un développement considérable. De vastes compagnies sont venues ensuite, qui ont fondé des docks, des magasins, des entrepôts. Ce perfectionnement de l'outillage n'a pas tardé à porter ses fruits.

Aujourd'hui, des navires innombrables sillonnent les mers. Des télégraphes transmettent et reçoivent à toute heure les dépêches du commerce. Enfin des établissements de crédits, sur des bases économiques nouvelles, facilitent et règlent les transactions, dont ils ont centuplé le nombre.

A côté du progrès matériel a marché le progrès intellectuel et des esprits. Le génie de l'homme a vaincu la matière; il a poussé ses investigations dans les arcanes les plus secrets de la nature et il en a dévoilé les mystères. L'art, l'industrie et la science se sont enrichis de découvertes et de méthodes nouvelles. En même temps, les vieux errements de l'économie sociale se sont modifiés. L'esprit de liberté ayant fait tout à coup irruption dans les masses, le sentiment de la dignité personnelle a généralement grandi chez les individus, et l'on peut dire que, sous ce souffle puissant, les mœurs tendent à se policer chaque jour davantage; mais si la notion des droits et des devoirs est encore mal comprise d'un certain nombre, une plus longue éducation politique achèvera, auprès des générations qui nous suivront, l'œuvre si bien commencée aujourd'hui. N'y a-t-il pas beaucoup à espérer aussi de l'instruction dont le développement est à cette heure même l'objet de si libérales tendances ? Elle seule, par la diffusion des lumières, arrivera à mettre un frein, un jour, à des aspirations qui, chez quelques-uns, sont d'autant plus dangereuses dans leur excès qu'elles sont plus légitimes dans leur principe.

Le mouvement des esprits que nous venons de signaler, n'est pas resté étranger, d'ailleurs, comme on pourrait le croire, à l'élargissement du cercle de la production. Le progrès des idées a, en effet, modifié les mœurs, et le progrès des mœurs a créé des besoins nouveaux. Je n'en citerai pour preuve que l'amélioration survenue dans les conditions hygiéniques de l'existence des masses. Aujourd'hui l'on vit mieux et l'on vit plus longtemps qu'autrefois. On ne peut certes qu'applaudir à un résultat aussi moral et aussi humain et désirer qu'il se généralise encore. La conséquence immédiate a été d'accroître la consommation dans une proportion notable. Le sol mis en demeure de satisfaire à de plus grands besoins, a dû nécessairement être sollicité de produire dans une mesure plus large. Les découvertes de la science, jointes à un perfectionnement plus complet de l'outillage, d'une part ; de l'autre, un usage mieux connu et par conséquent plus intelligent des engrais ont favorisé, dès le début, les tentatives qui ont été faites, et l'équilibre, jusqu'ici, a été généralement maintenu. Cependant beaucoup de pays sont encore arriérés dans la voie du progrès. C'est que pour suivre le courant, il leur fallait des circonstances spéciales que, seule, la liberté commerciale pouvait leur donner. Eh bien, une ère nouvelle s'est levée de nos jours, et l'œuvre de la transformation du sol est désormais possible aux contrées dont l'agriculture est en souffrance.

Le libre échange a, en effet, rendu partout au sol l'indépendance de sa culture. Comme nous l'avons vu, le monde devait se préparer de longue main à pouvoir rendre efficace, à un moment donné, ce système économique. Aujourd'hui, le monde est prêt ; rien ne s'oppose plus à la pratique de la liberté commerciale. C'est donc véritablement à cette heure qu'il est vrai de dire que la terre a partout sa valeur relative. A l'époque où une culture spéciale était imposée au sol en vue de l'alimentation du pays, cette valeur relative n'était qu'une pure abstraction. C'était comme le droit sans l'exercice du droit, ou plutôt c'était la contrainte apportée dans la culture générale, d'un côté, par les nécessités de la subsistance publique et, de l'autre, par l'impossibilité d'un écoulement rapide de certaines classes de produits. A présent, les barrières sont tombées. Le monde trafique d'un pôle à l'autre des choses de l'alimentation et de l'industrie. Un vaste courant d'échanges des produits les plus hétérogènes s'est établi entre tous les pays du globe. Si le sol de la contrée que vous habitez n'est pas propre à donner du blé, ne cherchez donc plus à contrarier sa nature en lui imposant une culture qu'il répudie. Les céréales que vous n'aurez pu produire, vous irez les prendre chez vos voisins, qui, eux-mêmes, vous demanderont en échange de la viande, des vins, des laines, etc. Chacun traitant le sol, comme le comporte sa nature, il est évident que la masse de la production universelle s'accroîtra au bénéfice de la consommation en général. Il n'est pas douteux non plus que la liberté commerciale, en mettant sans entraves les produits de tout le globe au service des besoins particuliers, ne peut qu'améliorer les conditions matérielles de l'existence humaine. Or, notons-le bien, la soif des jouissances est le trait caractéristique de notre époque. Le sentiment trop exalté des idées égalitaires a développé dans toutes les classes des goûts de comfort ou de luxe qui, par l'habitude, sont devenus, chez les individus, comme des exigences d'une seconde nature. Ainsi ce qui n'était autrefois que des objets de bien-être facultatif, dont la satisfaction était laissée à la fantaisie ou au caprice, a pris rang, dans les mœurs actuelles, parmi les choses de stricte nécessité. Le libre échange, par l'abaissement des prix de certains produits, répond donc dans une large mesure aux tendances des goûts et des idées du jour. A ne considérer que les conséquences pour l'industrie, celle-ci y gagne certainement un énergique élan. Mais ce n'est pas tout. Le libre-échange peut, à un autre point de vue, porter des fruits heureux, voici comment :

La cherté croissante de toutes les choses nécessaires à la vie est le résultat de l'extension considérable qu'a prise la consommation. De ce mouvement est née l'augmentation des salaires.

Cet accroissement des prix de revient est compensée, dans les pays où la culture a été perfectionnée, par un accroissement correspondant des prix de vente de certains produits, combiné avec la progression du rendement des terres.

Dans les pays maigres, au contraire, où l'agriculture fidèle aux anciens errements n'a fait aucun progrès, tout naturellement, le même effet d'équilibre ne s'est pas produit.

Il en résulte un désordre grave dans la situation économique de la plupart des exploitations agricoles, et je dirai presque une crise sociale, très-heureusement localisée dans ces contrées déshéritées, qui, en définitive, forment l'exception.

Eh bien ! le régime nouveau, nous le répétons, pourra porter un remède à cet état de choses. Selon nos conclusions, posées plus haut, il permet de rechercher les affinités spéciales du sol. Par cela même, il donne à l'agriculteur le moyen de faire la culture la plus fructueuse et il assure l'écoulement des produits. La conséquence est que les pays maigres, au lieu de s'en tenir à la production

céréale seule, n'ont qu'à changer leurs bases d'opérations.
Ce progrès, nous le croyons, s'imposera de lui-même un
jour, mais seulement quand l'économie et les effets de la
nouvelle législation seront mieux connus.

Pour l'instant, nous ne sommes en quelque sorte qu'au
début du régime de la liberté commerciale. Les pratiques
du passé, qu'elles aient ou qu'elles n'aient plus leur raison
d'être, tiennent encore par des attaches profondes. Aussi,
quand l'abolition de l'échelle mobile fut chose conclue,
beaucoup de bons esprits, décontenancés par cette mesure, voulurent y voir la ruine future de l'agriculture en
France. Ceux-là nous paraissent s'être montrés beaucoup
trop exclusifs. A notre sens, les souffrances agricoles
dont les chambres en 1865 se firent l'écho, avaient et con-
tinuent à avoir d'autres causes. Nous en indiquerons
quelques-unes dans le cours de cet ouvrage. Nous pensons d'ailleurs que le mal n'a jamais été général. Il a
atteint particulièrement les contrées dont le sol maigre
devait rester rebelle aux progrès de la science agrono-
mique, en ce qui concerne du moins la production céréale. Il est très-certain que la nouvelle loi, en abaissant
le prix moyen des blés, a aggravé pour ces pays une situation déjà mauvaise. Depuis ce temps les circonstances
tendent de plus en plus chaque jour à provoquer l'abandon
d'une culture surannée et qui est loin d'être rémunératrice. Mais, outre que cela froisse les vues et les habitudes prises de quelques-uns, beaucoup d'autres, sachant
le parti nouveau à tirer de leur sol, se trouvent arrêtés
par les difficultés d'exécution ou d'argent qui incombent
forcément à toute transformation. Le temps, nous l'espérons, modifiera les idées et effacera les obstacles.
Quant au problème même de la réforme, il reste toujours
le même. C'est aux hommes de loisirs à en chercher la

solution. Qu'ils étudient le pays où le sort les a placés, qu'ils recherchent les propriétés particulières du sol; qu'ils en dévoilent les ressources, et peut-être n'auront-ils pas été inutiles.

Pour moi, je me suis voué consciencieusement à cette tâche en ce qui concerne ma commune et les communes similaires qui l'entourent. Cultiver le blé en grand sur nos terres serait la ruine pour notre agriculture. Il est une autre culture qui nous offre de plus larges bénéfices. Nous l'examinerons en temps et lieu voulus.

CHAPITRE II.

DE L'AGRICULTURE.

L'agriculture est une science qui, bien que soumise à des lois fixes, ne me semble pas admettre de préceptes d'une application générale, par suite des conditions variées, qui naissent de la différence des lieux et qui rendraient illusoires, selon moi, des enseignements revêtant un caractère d'universalité.

Pour me faire comprendre, j'entrerai dans quelques considérations de physiologie végétale.

Le travail de la terre, qui produit les récoltes, n'est, en définitive, qu'une opération chimique où, conséquemment, les éléments propres du sol jouent le principal rôle.

Je me hâte d'ajouter que cette explication irrécusable de toute formation végétale, et dont la science nous livre le secret, n'ôte rien de son prestige à ce principe supérieur et caché, qui préside aux fonctions de la nature.

Le génie de l'homme arrive bien à décomposer les plantes ; il peut établir encore que tous les corps empruntent leurs molécules constitutives au milieu qui les voit naître ; mais là s'arrête sa puissance d'investigation. Il demeure incapable de dévoiler cette propriété occulte de la graine, qui, pour chaque espèce, assigne exclusivement au produit une tige, une feuille et un fruit déterminés.

Les conditions qui s'imposent au phénomène de la végétation nous sont donc connues; mais le phénomène lui-même est et restera inexpliqué, et nous sommes bien forcés d'en faire remonter la cause à une puissance invisible qui agit constamment partout. Il n'en demeure pas moins acquis que, sur toute la surface du globe, rien de nouveau n'est plus créé de nos jours. Tout ce qui est tire sa raison d'être de ce qui a été ; et tout ce qui doit être ne sera que la forme nouvelle d'éléments préexistants.

De ce que nous venons de dire, il résulte que les récoltes ne sauraient être abondantes que là où le sol recèle, en quantité suffisante, les principes propres à les constituer. Il est vrai que l'air, l'eau, la lumière et la chaleur apportent aussi un concours utile à la formation des plantes ; mais la source principale où s'alimente la végétation est dans la couche superficielle du sol, qu'on appelle humus ou terre végétale.

L'humus est un composé de résidus végétaux et animaux, et de matières minérales désagrégées par l'action simultanée de l'air, de l'eau, du chaud et du froid.

Disons tout de suite que la faculté végétative du sol réside principalement dans la présence prédominante des éléments dus à la décomposition des débris organiques.

Quand la vie a fait son apparition sur notre globe, elle s'est pour ainsi dire essayée sur des plantes d'une constitution modeste. Ces plantes, en mourant, ont abandonné leurs molécules au sol, qui les avait produites. Ce fut là l'origine du premier humus. Plus tard, à mesure que s'améliorèrent les conditions physiques de la terre, la végétation s'est développée ; le sol donna naissance à des végétaux plus robustes et plus nombreux, et par leur décomposition s'enrichit de nouveaux éléments de fécondité. Puis sont venus les êtres du régime animal, plus parfaits dans leur organisme comme dans la composition chimique de leurs tissus. La terre, en recevant leurs débris, y trouva nécessairement encore une source plus abondante des productions futures. C'est ainsi que peu à peu et à la longue, par une série de transformations non interrompues des éléments primordiaux, s'est formée en tout lieu la couche de terre végétale, qui fournit aujourd'hui aux besoins de la population du globe.

Donc, règle générale, partout où la vie passée a laissé des débris épars, partout la vie nouvelle les ramasse et se constitue. La terre est le foyer d'où sortent et où rentrent continuellement les principes atomiques des corps. Là vient s'emmaganiser le passé au profit de l'avenir. Une poignée de terre végétale n'est, d'après cela, que la dépouille réduite des générations éteintes, héritage précieux puisqu'il constitue la matière essentielle que le travail de l'homme saura vivifier, et qui reparaîtra pour un temps à la lumière sous des formes variables, jusqu'à ce qu'elle se désorganise de nouveau pour entrer encore dans le foyer commun.

En résumé, la richesse d'un pays est dans la couche de terre végétale qu'il possède.

Des explications que nous avons fournies il semble résulter que la contrée qui a su amasser ce trésor de fécondité appelé humus, n'ait plus aucune raison de le perdre jamais.

Nous allons voir comme cette déduction se trouve parfois contrariée par les faits.

Commençons par constater que les diverses contrées du globe n'eurent pas originairement la même force génératrice. Le mode de formation des terrains dont se compose l'enveloppe terrestre, rendit, en effet, ceux-ci plus ou moins rebelles à la végétation. De là, conséquemment, des différences très-variables dans l'épaisseur des premières couches d'humus.

Ainsi, les terrains d'origine ignée offrirent, dès le principe, moins de ressources à la formation des plantes que les terrains sédimentaires qui présentent eux-mêmes des qualités très-diverses, selon la nature de leur sous-sol.

Mais indépendamment de ces causes, la position géographique, la conformation physique des lieux et l'économie générale à laquelle on soumet la culture exercent à la longue une influence capitale sur l'état de fertilité ou de stérilité d'une contrée. Ainsi, un pays trop accidenté se prête mal à conserver l'humus qui recouvre sa surface. Personne n'ignore avec quelle facilité se désagrège la terre végétale. La déclivité du terrain doit nécessairement permettre alors aux pluies un peu fortes d'emporter les parties déliées du sol. C'est précisément ce qui explique la stérilité habituelle des coteaux.

En supposant, d'autre part, que les lieux présentent les conditions les plus favorables, il peut arriver que de ne point suivre les vrais principes de l'économie rurale ait pour résultat de ruiner les propriétés fécondantes de la terre.

Si, en effet, l'agronomie ne peut prétendre à donner des préceptes d'une pratique générale, il est du moins certains principes qui dominent cette science et qui s'imposent à toute culture éclairée. De ce nombre est la loi de restitution qui veut qu'on rende à la terre, sous forme d'engrais, ce que les récoltes lui prennent continuellement (1). On conçoit qu'il en doit être ainsi. Tout produit

_____

(1) Il est certaines substances qu'on peut exporter sans danger;

végétal empruntant au sol la plus grande partie de ses
éléments, il est de toute évidence que si vous enlevez
sans cesse à l'humus les principes atomiques qu'il contient, sans lui rendre jamais rien, vous finirez par tarir
la source de sa richesse.

C'est pour avoir méconnu cette loi que la Sicile qui,
sous les anciens Romains était le grenier nourricier de
l'Italie, après avoir exporté pendant de longs siècles les
produits de son sol, arriva graduellement à perdre sa
fécondité. Une cause analogue doit sans doute être at-
tribuée encore à ce fait remarquable que la campagne,
autrefois si fertile, qui s'étendait autour de plusieurs
des grandes cités antiques, est aujourd'hui frappée de
stérilité.

Quelles qu'aient été les causes, nous voyons que sur
toute l'étendue du globe la couche superficielle d'humus
est extrêmement variable. Dans beaucoup d'endroits,
l'épaisseur de celle-ci n'a que quelques centimètres, c'est
dire que le sol y est peu propre à produire les plantes qui
servent d'ordinaire à l'alimentation, et qui, séjournant peu
de temps dans la terre, demandent à rencontrer à sa
surface les éléments utiles à leur développement. Mais de
ce que le sol d'un lieu se prête mal à une culture, il ne
s'ensuit pas qu'il doive être pour cela rebelle à toute
autre culture. C'est ce qu'il nous sera facile de démontrer
plus tard.

---

ce sont celles qui empruntent à l'atmosphère leurs principes constitutifs. Je citerai, par exemple, l'alcool dans le raisin, l'huile dans
les plantes oléagineuses, la fécule dans les produits farineux, etc. ;
mais la matière qui se constitue aux dépens des éléments mêmes
du sol, doit rigoureusement revenir au sol.

Ainsi doit être entendue la loi de restitution.

Quoi qu'il en soit, la culture usuelle ayant eu de tout temps pour objet la production des céréales et des herbes fourragères, on dit qu'un pays est stérile quand, faute d'humus superficiel, cette production ne présente pas un rendement favorable. Etant données ces bases d'opération, les contrées dites pauvres sont certainement les plus dignes d'intérêt, et celles dont la situation agricole est le plus compromise par le régime de la liberté commerciale.

La question ainsi posée, on se demande si les régions où la terre végétale fait défaut à la surface, sont condamnées à rester toujours stériles, où s'il est possible de parer à leur triste situation en améliorant le sol par de bons procédés de culture.

La réponse n'est pas facile.

Tout ce qu'on peut affirmer, c'est que le problème de la régénération du sol, sans être insoluble, présente les plus sérieuses difficultés.

Comme nous avons eu l'occasion de le dire plus haut, la terre végétale n'emprunte sa force productrice qu'à la présence prédominante des débris organiques. Des labours fréquents et profonds peuvent, il est vrai, ramener à la surface les couches inférieures du sol. Les molécules minérales qui les composent, se délitent, se désagrègent au contact de l'air et sous l'action alternée de la chaleur et de la gelée. Elles forment alors, dans une certaine proportion, un humus nouveau, mais cet humus n'a de vertu réelle qu'autant qu'il y entre en grande quantité des détritus végétaux et des excrétions d'animaux.

On pourrait donc espérer régénérer le sol d'un pays par l'élevage d'un certain nombre d'herbivores et la restitution à la terre de leurs déjections. Le malheur, c'est

2

qu'une contrée ne peut nourrir beaucoup de bétail qu'à la condition d'être très-fertile.

Ce serait vouloir alors résoudre le problème par le problème lui-même.

Les contrées déshéritées d'humus n'ont, en définitive, que très-peu de chances d'améliorer leur sol. Cependant, j'ai dit que la chose ne serait pas tout à fait impossible et je le prouve.

On pourrait peut-être, en effet, arriver à ce résultat par une série de cultures combinées et par l'emploi des engrais artificiels. Ceux-ci serviraient à produire des fourrages, lesquels permettraient d'élever du bétail dont les excrétions constitueraient un fond nouveau d'humus.

Mais pour nous rendre un compte exact de l'opération, il nous faut dire, avant, quelques mots des engrais et de leur puissance comparée.

Cela nous ramène d'ailleurs à notre point de départ.

Tout travail étant une opération chimique, on peut remettre au sol, sous un petit volume, les éléments essentiels des récoltes.

Les engrais permettent d'atteindre ce but.

Les meilleurs sont assurément les engrais naturels, c'est-à-dire ceux formés des excrétions des animaux domestiques, mélangées au chaume ou à la paille de la litière. C'est précisément la présence de la paille dans le fumier de ferme qui fait de cet engrais le plus complet de tous. Cela doit être.

Sortie de la terre et retournant à la terre pour reconstituer le même genre de produits, la paille mêlée aux déjections animales forme un tout compacte qui répond parfaitement aux besoins particuliers du sol.

Aux engrais naturels employés dans la culture, on

devrait ajouter les excrétions humaines qui empruntent à la diversité et à la qualité des aliments une composition chimique des plus complexes et des plus favorables à la production végétale. Malheureusement l'incurie ou une prévention stupide empêche d'utiliser une richesse presque toujours perdue et qu'il serait pourtant bien à propos de rendre à la terre.

En définitive, les engrais naturels constituent une ressource forcément limitée, car un domaine ne peut avoir de bétail que dans une certaine proportion dont la fécondité même du sol donne la mesure.

Si cette circonstance présente l'inconvénient d'apporter un obstacle assez sérieux à l'amélioration du sol dans les pays maigres, elle a tout au moins l'avantage, ce qui intéresse à un très-haut point l'humanité dont la subsistance par là est assurée, de donner aux bons pays la faculté de maintenir la fécondité de leur sol. Car plus abondante est la récolte, plus large doit être la restitution des principes essentiels dont la terre est privée. A ce point de vue, il doit y avoir une relation harmonique entre le nombre du bétail élevé sur un lieu et la fertilité du sol de ce même lieu. Une disposition naturelle des choses a réglé cet équilibre. Il est dommage, à la vérité, que cette loi s'applique également aux mauvais pays. Mais un sort propice a voulu que l'amélioration de la culture ne fût pas absolument entravée pour ces derniers. S'il est difficile sur un sol ingrat d'étendre l'élevage du bétail pour créer des engrais naturels, on trouve des ressources précieuses et l'on pourrait dire inespérées dans les engrais artificiels du commerce.

Les engrais sont minéraux, végétaux ou animaux.

Comme nous l'avons indiqué plus haut, il se fait à toute heure, à tout instant, dans la nature, une mystérieuse transformation de tous les éléments propres à la constitution des corps. C'est un continuel passage des principes atomiques de la matière à la matière, sans que celle-ci soit assujettie, dans son état nouveau, à se maintenir dans celui des trois règnes où elle était précédemment rangée. Aussi, que de pérégrinations successives ont dû faire, à travers les générations disparues, les éléments qui entrent dans la composition actuelle d'un épi de blé !

A combien d'individus du règne animal, à combien de corps minéraux de végétaux n'ont-ils pas appartenu !

S'il en est ainsi, on conçoit qu'on puisse emprunter à un règne de la nature pour enrichir un autre règne. C'est là précisément ce qui se pratique tous les jours dans la culture. La seule règle à observer est celle des affinités chimiques. Les emprunts qu'on fait ainsi reçoivent le nom d'engrais.

Or, les engrais ont une efficacité, qui varie selon leur nature propre et le rang plus ou moins élevé qu'occupent, dans la classification générale des règnes, les corps d'où ils tirent leur origine.

Là est, comme on va le voir, le caractère propre de leur utilité.

D'après ce qui vient d'être dit, l'ordre des engrais au point de vue de leurs propriétés fertilisantes est celui-ci : l'engrais animal, l'engrais végétal et l'engrais minéral.

L'engrais minéral agit rarement seul. Il joue dans le travail de la végétation, moins un rôle direct qu'un rôle indirect qui est celui d'un simple réactif. Comme nous le verrons, il est plutôt un amendement qu'un engrais véritable. Comme, en définitive, pour produire un effet utile, il lui faut l'adjonction d'autres sortes d'engrais, et que, d'autre part, à cause de son poids et de son volume, il est d'un transport difficile et coûteux , on ne peut pas dire qu'il constitue une ressource bien grande pour les pays qui ne le produisent pas à bon marché eux-mêmes.

L'engrais végétal, à poids égal, sera plus efficace que le précédent ; mais chaque contrée conserve généralement pour elle-même l'engrais végétal, c'est-à-dire les détritus végétaux qu'elle produit. D'ailleurs, matière encombrante et d'un poids élevé, cet engrais cesse également de créer une ressource courante pour les pays maigres qui veulent régénérer leur sol.

L'engrais animal, au contraire, tirant son origine de corps mieux organisés, présente l'avantage d'apporter au sol, sous un très-petit volume, les principes essentiels qui lui manquent.

La réflexion nous montre les causes de ce fait.

Le sang, la chair, les os, les poils, les cornes, la laine et généralement tout ce qui est matière animale, n'est-il pas la concentration, sous un volume restreint, d'une quantité considérable de nourriture hétérogène, qui s'est transformée en abandonnant ses principes constituants ?

Rentrés dans le foyer commun et redevenus libres par la décomposition, ces principes reprennent la forme nouvelle des végétaux que le sol est appelé à produire.

Ont-ils à reconstruire des plantes qui, comme le blé, par la richesse de leur composition, possède une grande qualité nutritive, ils ne donnent qu'une production restreinte.

Sont-ils destinés, au contraire, à reconstituer des végétaux aqueux, de simples fourrages dont l'absorption par l'animal profite peu à celui-ci, ils donnent une récolte abondante.

C'est ce qui explique pourquoi le froment épuise un champ plus que ne le fait l'avoine, et l'avoine de son côté plus que le trèfle et le sainfoin.

Ces considérations nous montrent, en outre, les causes de cette richesse de végétation, à laquelle donnent lieu certains engrais, comme le guano, et qui semblent tout à fait en disproportion avec l'importance apparente de la fumure.

Nous avions donc raison de dire que la propriété attachée aux engrais d'origine animale de concentrer, sous un petit volume, les substances essentielles qui entrent dans la composition des plantes, était ce qui leur donnait véritablement un caractère d'utilité générale.

Avec les voies de transport si commodes qui existent aujourd'hui partout, cela permet, en effet, aux contrées les plus déshéritées, de s'approvisionner au loin d'engrais énergiques et d'apporter par là, à leur sol, des éléments étrangers de fécondité.

Ceci posé, je reprends la thèse dont je me suis écarté un instant et qui consiste à dire que dans un pays maigre on peut, à la rigueur, par une série de cultures combinées et au moyen des engrais du commerce, reconstituer au sol un fond nouveau d'humus.

J'ai résumé ainsi, plus haut, ma démonstration :

1° Créer des fourrages par les engrais ;

2° Créer du bétail par les fourrages.

Cette double opération a pour but d'apporter au sol, en outre des principes fertilisants contenus dans l'engrais même, d'autres éléments dont je vais indiquer la source.

Prenons, par exemple, un sac de guano mis aujourd'hui dans la terre ; au bout de dix ans, il aura enrichi le sol d'une somme d'éléments fertiles qui, présentement, n'existent pas dans l'engrais.

Voyons la série des opérations qui vont se produire.

Ce guano donnera d'abord naissance à une quantité déterminée de fourrages ; ces fourrages serviront eux-mêmes ensuite à nourrir le bétail ; mais celui-ci, par son existence propre, prend à l'atmosphère un certain nombre d'éléments utiles qu'il s'approprie et dont, par ses excrétions, il gratifie le sol en partie.

Ces excrétions, d'autre part, vont de nouveau produire des prés artificiels, dont les herbes seront absorbées à leur tour par le même bétail, ce qui donnera lieu à un retour périodique à la terre des éléments primordiaux, constamment augmentés des emprunts faits à l'atmosphère par les animaux domestiques.

Si l'on applique ce raisonnement à une grande quantité d'engrais, on voit que, par une série de cultures destinées à nourrir le bétail et la restitution au sol des excrétions produites, la couche superficielle d'humus aura fini, après un certain temps, par s'enrichir dans une proportion notable.

Telle est théoriquement la marche à suivre pour améliorer le sol des pays maigres. Quant à la pratique, je la crois dangereuse au point de vue des résultats financiers. Mon sentiment est, en effet, que dans les conditions difficiles où principalement la cherté de la main-d'œuvre a placé l'agriculture, il n'existe pas de moyen de s'enrichir par la culture des céréales ni même des prairies dans un pays dont le fonds est naturellement ingrat. Celui qui tenterait de régénérer ce sol par la méthode que j'ai dite, y réussirait peut-être, mais je craindrais que la plus value qu'il donnerait à ses terres ne dût jamais couvrir les avances d'argent qu'il aurait faites.

Admettons qu'on renonce à l'espoir de rendre fertile un sol qui ne saurait le devenir à moins d'énormes sacrifices.

En acceptant donc la situation telle qu'elle se comporte dans les pays maigres, nous nous demanderons si les ressources que l'on trouve dans les engrais du commerce donnent à elles seules les moyens de faire une culture rémunératrice.

C'est ce que maintenant nous allons examiner.

A un point de vue général, la terre est une usine naturelle qui fabrique, à notre volonté, toutes sortes de denrées et de produits végétaux.

Laisser cette usine manquer de matière première, c'est laisser inactive une force capable de produire et par conséquent se priver d'un bénéfice réalisable.

Or, l'engrais est comme la matière première des récoltes.

Mettre de l'engrais là où le sol manque de principes constituants, c'est donc approvisionner une usine qui, sans cela, ne produirait pas tout son effet utile.

Comme on le voit, l'emploi des engrais est une chose rationnelle, toujours opportune et recommandée par la nature même des choses. Mais le prêcher est tout au moins un enseignement incomplet. Rien n'offre, en fait, dans la pratique, des difficultés plus sérieuses, et l'on peut dire que la connaissance des engrais et amendements est plus de la moitié de la science agricole. C'est un art véritable qui permet, jusqu'à un certain point, de suppléer à l'insuffisance du sol. L'agriculteur qui le possède à fond obtiendra, même sur un sol maigre, des résultats qui pourront le sauver de la crise où se débat le vulgaire.

Il suffit, du reste, d'indiquer sommairement les éléments complexes qu'embrasse cette science, pour que l'on comprenne à combien peu d'hommes elle doit être familière.

Quel rôle jouent donc les engrais dans le travail de la formation des plantes?

Les engrais agissent d'abord par les produits gazeux

(acide carbonique et ammoniaque) qu'ils dégagent en se putréfiant.

Ce n'est pas tout. Ils sont efficaces encore, et c'est là leur utilité la plus réelle, en donnant au sol, dans un état soluble et assimilable, les substances inorganiques (chaux, potasse, acide sulfurique et certains sels) nécessaires à la constitution des récoltes

Les amendements, d'autre part, ont un double rôle qui ne doit pas échapper à l'agriculteur.

Tantôt ils sont modifiants et tantôt assimilables.

Dans le premier cas, ils n'agissent guère que sur le sol, dont ils transforment l'état physique, en favorisant l'action de l'air, de l'eau et de la chaleur.

Dans le second cas, ils agissent directement sur les plantes en nourrissant leurs racines de substances minérales solubles, et indirectement comme réactifs chimiques, en aidant à la décomposition des débris organiques et en faisant naître des produits nouveaux assimilables.

Si les amendements modifiants, comme le sable, l'argile, la marne, ne demandent que du discernement pour être employés utilement, on n'en saurait dire autant des amendements assimilables, tels que les cendres, la chaux, le plâtre, le nître et plusieurs autres sels. Ces derniers sont en effet de véritables engrais minéraux, et comme leur présence dans la terre a pour but de créer, par une double décomposition, des substances nouvelles, il faut nécessairement que les connaissances personnelles de l'agriculteur lui permettent de pénétrer l'action chimique qui doit se produire, et de la diriger en raison combinée de la nature du sol et de celle des végétaux qu'il veut obtenir.

Or, en dehors du fumier ordinaire, qui est un engrais mixte et *sui generis*, répondant à peu près à tous les besoins de la culture, chaque engrais, comme chaque amendement, a des propriétés spéciales et qui varient selon sa composition chimique. L'un est appelé à fournir de l'azote à la plante, l'autre du phosphate de chaux, un troisième de la potasse, etc.

Le choix des engrais et amendements se trouve ainsi intimement lié à la nature des produits qu'on se propose d'obtenir. Suivant que le développement de ceux-ci est attaché à la présence dans le sol de telle ou telle substance, on devra faire emploi de tel ou tel engrais.

Là ne se bornent pas les prescriptions à observer.

La composition plastique des terres donne également matière à un examen sérieux. D'un autre côté, il y a lieu de considérer quelles sortes d'éléments spéciaux ont été enlevées au sol par les dernières récoltes, afin de les lui restituer, si besoin est.

Il peut arriver, en effet, qu'un champ privé de certaines substances, à la suite d'une culture trop prolongée d'une même classe de denrées, se refuse à donner tout à coup une bonne récolte de ces mêmes fruits, et conserve cependant sa fécondité pour une autre sorte de produits.

En résumé, les plantes, s'il est permis de s'exprimer ainsi, ont leur tempéramment propre, comme les êtres animés. Les terres qui doivent les produire, exigent dès lors un traitement qui ne saurait leur être livré au hasard. Si le milieu où ces plantes sont appelées à se développer se prête mal à leur fournir des éléments de constitution ; s'il est appauvri ou naturellement mal conformé, il doit être modifié dans sa contexture, selon la juste proportion des principes utiles dont le défaut se fait sentir.

Là est la science des engrais, qui est, comme nous l'avons dit, à elle seule presque toute la science agricole.

Mais cette science, d'une application si complexe, précisément à cause des éléments multiples qui doivent être pris en considération, ne saurait formuler des enseignemants précis et d'une pratique générale.

C'est le principe que nous avons posé en commençant ces considérations sur l'agriculture, et que nous avons tâché de justifier.

Nous en concluons que les facilités que crée à la culture l'existence des engrais du commerce ne suffit pas à retirer certaines contrées de la situation critique où les a placées la stérilité de leur sol.

Cependant, il ne faudrait pas être exclusif, et dire que la découverte de plusieurs engrais modernes n'ait pas été un grand bienfait. Le guano, entre autres, a rendu de signalés services.

Les plantes, qui font l'objet de la culture usuelle, telles que le blé, l'avoine et même les divers fourrages, demandent toutes des principes azotés, phosphorés et hydrocarbonés, que contiennent, à divers degrés, les engrais d'origine animale.

Ceux-ci auront assurément une efficacité variable, suivant la capacité ou l'expérience de celui qui les emploie, mais ils produiront, en tout état de choses, un effet utile, et c'est en ce sens que leur existence a partout son prix.

Quand nous avons établi que le progrès de l'agriculture aurait toujours beaucoup à souffrir de l'insuffisance des préceptes agronomiques, nous n'entendions parler que de ce qui concerne l'art même de la culture.

On pourrait, ce nous semble, dans un ordre d'idées connexes, confirmer le fait par d'autres causes.

Arriverait-on, en effet, par l'exposé de bons principes théoriques, à livrer au cultivateur le secret d'une plus large production, qu'on n'aurait pas réussi encore à régénérer l'agriculture et à l'alléger des souffrances qui, en beaucoup de pays, pèsent depuis si longtemps sur elle.

Tel enseignement, au point de vue spéculatif, peut être irréprochable et manquer son effet par suite d'un concours défavorable des conditions où on l'applique.

Comme industrie, l'agriculture a précisément plus à compter avec les circonstances extérieures qui s'attachent fatalement à sa fortune, qu'avec les choses proprement dites de la culture, auxquelles, du moins, l'esprit de progrès peut apporter une diversion heureuse.

Ainsi, la cherté de la main-d'œuvre, la rareté des bras, l'absence des bonnes voies de communication, les obstacles apportés par la législation à l'écoulement des produits, constituent autant de causes, qui influent sur la situation agricole d'une contrée.

Les unes sont générales, les autres propres à certaines régions seulement. Ces dernières sont certainement les pires.

Quand une condition défavorable est commune à tout un pays, il s'établit bientôt un équilibre des causes et des effets qui fait que personne n'est isolément atteint.

Quand, au contraire, elle frappe particulièrement une région, elle place celle-ci dans une situation d'infériorité qui peut compromettre gravement ses intérêts.

C'est ce qui arrive principalement en ce qui concerne la rareté des bras et les différences dans le prix des salaires, qu'on signale en France d'un lieu à un autre.

Les circonstances extérieures, indépendamment du plus ou moins de mérite personnel d'un agriculteur, ont donc indirectement une influence énorme sur le résultat définitif de son exploitation.

C'est sans doute à des causes de ce genre qu'il faut faire remonter le peu de réussite qu'ont eu bon nombre d'agriculteurs émérites, qui ont tenté d'introduire dans ma contrée la culture intensive, et qui, malgré de brillants résultats, n'ont pu fournir qu'une courte carrière.

Ces sortes d'échecs sont regrettables ; si l'agriculture ne peut s'apprendre dans les livres, ceux qui la pratiquent peuvent du moins recevoir d'utiles leçons par l'exemple d'hommes éclairés, qui, au risque d'y compromettre leur fortune, lui ouvrent la voie du progrès. Il serait à souhaiter alors que les honorables tentatives qui peuvent être faites eussent toujours la consécration du succès. Malheureusement il n'en est pas ainsi, et le public, trompé sur les véritables causes qui, dans leurs résultats d'ensemble, ruinent les entreprises des novateurs, condamne à la légère des méthodes souvent bonnes en elles-mêmes, et qui n'ont que le tort de n'avoir pas été l'objet d'une expérimentation isolée. Le discrédit les frappe, et ceux-là qui auraient pu en profiter, prévenus contre leur efficacité, rebelles d'ailleurs à toute idée de réforme, n'en restent que plus fermement attachés à une routine préjudiciable aux vrais intérêts agricoles.

De toutes les considérations contenues dans ce chapitre, nous avons à tirer deux ordres de conclusions, qui seront en même temps un résumé rapide.

1° Dans les pays maigres, la culture céréale, qui demande une couche profonde d'humus superficiel, ne saurait convenir, la matière nécessaire au développement des récoltes faisant défaut.

D'ailleurs, on ne saurait compter pour régénérer le sol sur le bétail, l'élevage d'un bétail nombreux qui fournirait au sol des éléments de fécondité, impliquant l'existence de ressources que des terres maigres ne peuvent présenter.

Reste l'emploi des engrais artificiels.

3

Nul doute qu'on ne puisse en retirer un effet utile.

Les engrais artificiels peuvent, en effet, aider à la formation d'un humus nouveau, par un développement plus large de la production fourragère, et subséquemment par l'élevage du bétail.

Mais, d'une part, l'art des engrais et amendements pour servir efficacement la cause du progrès de la culture, demande des connaissances qui sont l'apanage d'un très-petit nombre d'hommes, et qui, par leur caractère, cessent par suite d'être à la portée du public des campagnes.

D'autre part, en supposant même que l'emploi des engrais fût fait dans les conditions voulues d'intelligence et d'expérience, il est très-probable que le résultat de l'opération serait seulement de préparer à grands frais, pour un avenir lointain, l'amélioration du sol, sans qu'il y ait lieu pour le cultivateur de percevoir un bénéfice immédiat.

Au total, point d'humus, terre ingrate, du moins en ce qui touche la culture céréale usuelle.

Or, le cours des denrées s'établit d'après le chiffre de la production générale.

Donc, si dans une contrée la stérilité du sol ne permet pas d'atteindre le niveau de la production moyenne, alors que le prix de revient reste celui du pays entier, quelque faible que soit le loyer de la terre, l'agriculture se trouve gravement compromise dans sa situation industrielle.

De là, nécessité de modifier la culture et de rechercher pour elle des conditions nouvelles d'existence.

2° Quand le but semble atteint, quand la solution du problème vous apparaît certaine, irréfragable, on ne doit pas se hâter de l'ériger en système susceptible d'une application générale et sans limites.

Il est bon de ne demander aux faits de se produire que dans des circonstances absolument identiques. C'est pourquoi c'est un devoir pour celui qui propose un système nouveau de culture d'exposer les éléments qui lui ont servi de point de départ, et qui sont naturellement spéciaux au pays dont la culture lui semblait plus particulièrement appeler une modification.

En prenant le soin de circonscrire l'application de sa méthode aux contrées présentant un ensemble de conditions bien caractérisées, il échappe au reproche d'avoir exagéré la portée du système auprès de ceux qui, l'essayant en dehors des conditions exigées, viendraient à trouver des mécomptes dans les résultats obtenus.

Besoin est donc de décrire le pays qui a fourni les premiers éléments à l'élaboration du projet, de dire la nature de son sol, les conditions de son climat, la densité de sa population, et généralement tout ce qui constitue ces circonstances extérieures dont le concours exerce une influence si considérable sur le sort de toute exploitation.

En ce qui concerne le système de colonage viticole, que je me propose de développer, et pour me conformer à ce qui vient d'être dit, je crois utile d'exposer la situation agricole de la contrée que j'habite.

D'ailleurs, dans la réforme que j'indique, j'ai eu plus particulièrement en vue ma propre commune. Celle-ci forme, d'autre part, le centre d'un groupe de communes, qui ne diffèrent pas sensiblement les unes des autres. C'est donc elle qui servira d'objectif à mon étude, et dont je vais essayer de faire le tableau sommaire.

CHAPITRE III.

MA COMMUNE.

Comme la plupart des pays très-accidentés, ma commune n'a sur presque toute sa superficie que quelques pouces de terre végétale. Tous les ans, les pluies prennent le soin de la dépouiller encore. Aujourd'hui, il y a des côteaux d'une nudité effrayante. Les trois ou quatre ruisseaux qui la traversent emportent chaque année un nombre incalculable de tomberées de bonne terre à l'Océan, qui se constitue ainsi périodiquement notre débiteur de plusieurs centaines de mille francs qu'il ne nous rendra jamais. Qu'y faire ? nous connaissons le mal et nous n'avons pas de moyens efficaces d'y remédier. Cependant, c'est le meilleur de notre bien qui s'en va sournoisement à la rivière pendant les grandes pluies d'orage, pendant que tous, bêtes et gens, se tiennent à l'abri à la maison.

Ce n'est pas que, si on le voulait, on ne pût en retenir une bonne partie au passage ; mais on ne le veut pas, et, nous sommes malheureusement obligé de l'avouer, on a raison de ne pas le vouloir. Voici pourquoi :

On ne pourrait arrêter l'humus que par une sorte de colmatage. L'opération consiste à disposer les parties inférieures des terrains de manière à ce que les eaux, qui ont lavé le sol, viennent y déposer leur limon. Tous les 2 ou 3 ans on enlève la couche qui s'est formée, et l'on recharge les terres.

Tous cela est d'une pratique fort simple, mais n'est réellement avantageux que pour quelques champs privilégiés où l'humus est profond, et pour ceux, comme les vignes, qui reçoivent, par les exigences de la culture, de fréquents amendements.

Mais, sur un sol pauvre, le bénéfice qu'on pourrait attendre de l'opération ne compenserait pas suffisamment les frais de terrassements.

Ajoutons que pour pratiquer le colmatage, il faut n'être gêné par aucun voisinage, ce qui n'est pas le cas ordinaire.

Le seul moyen d'empêcher les terrains en pente de se détériorer n'est, à vrai dire, que de les semer en bois. Mais ce n'est là ni une culture régulière, ni une culture accessible à toutes les fortunes.

Reste une dernière et triste ressource, qui est d'y laisser venir la bruyère. C'est, en définitive, ce qui arrive pour beaucoup de terres. On y trouve deux sortes d'avantages. D'abord ces bruyères servent de pacage aux moutons, lesquels donnent généralement un bénéfice assez élevé. Ensuite, elles reposent la terre, et lui font à la longue un humus nouveau, par la décomposition sur place de l'herbe, des feuilles et des racines. Après vingt ans et plus de ce régime, on défriche et l'on cultive le fonds, après l'avoir préalablement traité par certains engrais dont l'efficacité est connue de longue date. C'est d'abord le noir animal, puis le guano et le fumier ordinaire. Dans ces conditions on peut, pendant quelques années, obtenir de fort belles récoltes. Ce sont, en effet, les économies du sol pendant une longue période, que

l'on retrouve amoncelées, et si le défrichement se fait
dans un temps où le prix des céréales atteint un chiffre
élevé, il en peut résulter un fort beau bénéfice pour le
cultivateur. Malheureusement, comme ces feux de paille
qui jettent d'abord une grande flamme et tombent tout-à-
coup, cette fertilité des terres nouvellement défrichées se
ralentit bien vite et le sol épuisé redevient, comme avant,
stérile et ingrat. On pourrait le laisser se reposer encore,
bien qu'il y ait une pratique meilleure, et mettre pour
ainsi dire, dans certaines limites, les terres en culture
réglée ; du tout ; le fermier, comme par habitude, continue
à les ensemencer toutes, sans que jamais les tristes
récoltes qu'il y cueille, jettent chez lui la moindre pensée
de découragement. Il s'imagine, en effet, que plus grande
sera la quantité de terres emblavées, plus grande sera la
moisson. Là, il se trompe. Il s'agit plus de bien faire que
de faire sur une vaste échelle. Nous reviendrons sur ce
point.

Notre sol est donc pauvre et s'appauvrit tous les jours.
Est-ce à dire qu'il n'y ait pas de bonnes terres ici ou là?
Assurément non. Nous avons d'abord les fonds de vallées,
dont le sol s'est enrichi de l'humus ou *fleurin* (selon
l'expression locale) que les pluies ont enlevé aux parties
supérieures des terrains. Là sont nos prés qui, dans un
pays où le sol ne saurait produire facilement des prairies
artificielles , constituent forcément une ressource de
premier ordre pour nourrir le bétail. De plus on rencontre éparses çà et là quelques pièces de bonnes terres
qui font disparate avec le reste, comme une pièce de
soie rouge sur un habit d'arlequin. Ajoutons, pour être
exact, que les différentes régions, dont se compose la
commune, présentent des qualités diverses. A côté de
certaines qui sont d'une stérilité absolue , il en est

d'autres qui, mieux cultivées, pourraient être en mesure de subir sans échec les dificultés de la situation.

En résumé, sol maigre, récoltes maigres, bétail maigre, et, on peut le dire aussi, population maigre et débile.

Étant admis d'une part la production céréale comme base de la culture ; de l'autre le régime de la liberté commerciale, voyons comment se comporte l'industrie agricole pour ces contrées, en apparence déshéritées, dont ma commune offre le type.

Une règle élémentaire et commune à toutes les industries c'est que le prix de revient ne doit jamais excéder le prix de vente des produits. Il doit lui être inférieur et la différence constitue le bénéfice réalisable.

En ce qui concerne l'agriculture, ces conditions vitales se trouveraient généralement remplies, si le cours des céréales se fixait d'après le chiffre de la récolte, dans un très-petit rayon. On comprend, en effet, que les frais de la production restant alors sensiblement partout les mêmes, personne ne consentirait à vendre ses produits à perte, ce qui établirait un cours rémunérateur pour tous, mais à des degrés divers selon le plus ou moins de fertilité des terres.

Si, au contraire, le prix des denrées s'établit d'après l'état général de la récolte sur toute l'étendue du territoire d'une nation, c'est à une moyenne des rendements pris dans un plus grand nombre de lieux, que les cours empruntent leurs chiffres ; et comme ces lieux se présentent sur le marché dans des conditions très-variables de fertilité comme de prix de revient, il s'ensuit que ce chiffre moyen des cours est largement rémunérateur pour les uns, faiblement pour les autres, et peut ne pas l'être du tout pour quelques-uns.

Enfin, si pour l'approvisionnement du marché, on

agrandit encore le cercle de la production ; si on appelle le monde entier à fournir ses produits, les effets deviennent bien plus sensibles. Tout à l'heure, c'étaient les régions les plus pauvres d'un État, qui ne pouvaient entrer en lutte pour la production, avec les contrées les plus riches ; maintenant, c'est cet État lui-même qui va se plaindre de ne pouvoir soutenir la concurrence sur le marché universel avec certaines régions privilégiées du globe et accuser celles-ci d'occasionner la vileté des prix.

Ce n'est pas que les grands pays producteurs, comme l'Ukraine, la Hongrie, l'Égypte et les plaines fertiles du nouveau monde interviennent toujours directement par l'envoi de leurs denrées. Ils ne servent à vrai dire que de contre-poids régulateur par la faculté qui leur est laissée de faire des offres. Ils n'importent utilement que dans les années de déficit ; dans les années d'abondance, ils sont plutôt comme une menace toujours prête pour le cas où les cours tendraient à s'élever au-dessus du chiffre que leur assigne la production totale du globe, toute proportion gardée des frais de transport et autres qui incombent nécessairement aux produits étrangers.

Il y a trois ans à peine, alors que le froment ne valait que 15 francs l'hectolitre, toutes les personnes intéressées de près ou de loin à la culture, dénonçaient partout en France une crise agricole et condamnaient en termes amers la législation nouvelle.

Pour les souffrances, elles existaient ; nul ne saurait le contester ; mais le régime qu'on inaugurait devait-il en être seul responsable ? Nous ne le croyons pas.

Comme nous l'avons dit au chapitre précédent, les mœurs nouvelles ont créé des besoins nouveaux. L'industrie, pour satisfaire à ces besoins, a dû recruter des hommes de tous côtés. Les grands travaux publics, l'em-

bellissement des villes, les constructions qui se sont
élevées partout, les nécessités de contingents de plus en
plus élevés pour l'armée, ont fait, d'autre part, le vide dans
les campagnes. Là ne se sont pas bornés les effets du grand
mouvement qui a marqué en toutes choses l'avénement
du second empire ; l'édification de fortunes rapides, le
désir immodéré de paraître ont peuplé les antichambres
d'êtres oisifs dont la place devraient être aux champs ou
à l'atelier.

Qu'en est-il résulté ? C'est que la rareté des bras a
fait plus que doubler partout les frais de production.

Là est la supériorité de certaines nations voisines, qui
produisant à meilleur compte, se présentent sur notre
marché avec des avantages, que ne détruisent pas entièrement les charges d'importation.

La cherté relative de la main-d'œuvre, telle est donc la
cause principale et avouée des souffrances agricoles.

Mais, en définitive, la législation est-elle pour quelque
chose dans ces souffrances ? Dans une certaine mesure,
sans doute, si l'on admet que l'industrie agricole doive
uniquement s'exercer à produire les céréales, et nous
verrons qu'il peut en être autrement. Dans tous les cas,
la crainte du mal eût des conséquences plus fâcheuses
que le mal lui-même.

Lorsque le régime de la liberté du commerce des
grains fut au début de son application, il devint, quant
à ses résultats probables, l'objet d'appréciations mal
fondées. Il était certain que la loi nouvelle devait tendre
à faire baisser le cours moyen des blés, puisqu'elle créait
à l'approvisionnement des ressources qui lui manquaient
avant ; mais beaucoup s'exagérèrent ses effets et crurent
pour un avenir durable à un abaissement des cours, que
les événements ne devaient pas justifier. Le régime fut

précisément inauguré par une série de trois années d'abondance. On va voir ce qui arriva. Dans les années fertiles, il s'était fait jusqu'alors des achats pour les temps de disette. Ces achats faisaient obstacle à l'avilissement des cours, qu'ils maintenaient ainsi aux environs du cours moyen. Eh bien ! par suite des opinions erronées qui s'étaient formées, personne n'osa faire les réserves ordinaires et les blés tombèrent à des prix qui cessèrent d'être rémunérateurs.

L'avenir a fourni, depuis, la triste expérience que la liberté du commerce ne devait pas empêcher l'élévation des cours, qui atteignent aujourd'hui un chiffre si profondément regrettable au point de vue de l'intérêt dont les classes nécessiteuses doivent être l'objet.

Si la législation a pu contribuer à produire la vileté des prix, à une époque, il faut donc en chercher la cause plutôt dans une fausse appréciation de ses effets futurs que dans un vice de son économie.

Voilà pour le passé.

Quant à l'avenir, l'expérience de ce qui se passe aujourd'hui montrera, je pense, la nécessité pour le commerce de faire, dans les bonnes années, les réserves habituelles. Les hauts cours actuels sont une réponse beaucoup trop éloquente aux craintes chimériques qui ont été émises. Les exagérations qui ont amené la vileté, il y a quelques années, et qui ont eu des conséquences si fâcheuses pour l'industrie agricole, n'ont donc plus désormais aucune raison de se produire.

Restera l'effet seul de la loi, qui a fait cesser le régime de la protection pour y substituer celui de la liberté du commerce.

Cette loi nous semble établir une situation d'équilibre, tout au moins pour les pays fertiles. Elle doit tendre, il est vrai, à abaisser un peu le prix de l'hectolitre de blé, mais deux ordres de compensations s'ouvrent aux contrées riches. D'abord les progrès de la culture, malgré l'élévation des salaires, atténuent pour elles, dans une certaine mesure, les effets de la concurrence étrangère ; ensuite elles récupèrent les pertes qui s'attachent à la production céréale, par les bénéfices réalisés, le nouveau régime aidant, dans les branches parallèles de la culture. C'est ainsi que l'élevage ou l'engraissement du bétail, principalement, est devenu, dans ces dernières années une source féconde de profits pour les contrées fertiles. Il est donc permis de dire que celles-ci, à ne considérer que les résultats d'ensemble, n'ont aucun reproche fondé à adresser à la législation nouvelle. Il est d'ailleurs à remarquer que pour arriver à cette situation d'équilibre, elles n'ont pas eu à changer véritablement les bases d'opération de leur culture ; elles n'auraient eu tout au plus, qu'à les modifier.

Là se place la différence qui sépare les pays fertiles des pays maigres. Pour ces derniers, nous avons démontré que l'amélioration du sol comme le progrès de la culture étaient entourés des plus sérieuses difficultés ; nous avons établi d'autre part que l'élevage du bétail y était forcément restreint. Les deux sources de compensations, qui ont été désignées plus haut, ne sauraient donc appartenir aux contrées stériles. Les effets de la nouvelle législation sont, par conséquent, plus accentués ici qu'ailleurs. Ne l'oublions pas du reste, le régime économique en vigueur n'a pas enfanté le mal ; il n'a fait que le souligner. Si mince que soit l'aggravation portée de son fait à une situation déjà mauvaise, elle nous autorise pourtant à prendre les mêmes conclusions, que nous avons déduites précédemment de considérations tirées de l'ordre même des choses de la culture, et qui tendent à l'abandon des bases de l'exploitation usuelle. Nous avons posé en principe que les sols privés d'humus devraient viser à toute autre chose qu'à la production céréale ; il nous semble que ces premières conclusions ont dû puiser une force nouvelle dans l'examen qui vient d'être fait du côté économique de la question.

Si, en effet, la production céréale, dans les pays riches, ne peut se soutenir que par l'existence de bénéfices compensateurs et parallèles, quel sera le sort de cette même production dans les pays maigres, dont les terres sans dédommagement d'aucune part, ne donnent lieu qu'à un rendement tout à fait dérisoire ?

Je prendrai, comme exemple, la situation particulière de ma commune. La moisson, même dans les années les plus favorables, n'y est jamais abondante ; la moyenne par hectare atteint au plus le chiffre de 10 hectolitres, au lieu de 15, qui est la moyenne de la France, et de 30 et 35, qui est celle de plusieurs de nos départements du Nord. Il est vrai que, chez nous, dans le prix de revient, le loyer de la terre entre pour une part incomparablement plus faible que dans les riches contrées dont nous parlons. Mais, à cause du discrédit dont est frappé notre sol, et à vrai dire à cause de son peu de valeur réelle, en ce qui concerne du moins les productions céréale et fourragère, le loyer foncier est si peu élevé, que, même en ne le comptant pas, le rendement par hectare ne donne pas lieu à un excédant de recettes sur les frais.

Encore une fois, cette situation est indépendante de toute législation. Bien avant que l'échelle mobile fût abolie, les pays maigres, producteurs de blés, éprouvaient un état de malaise, qui rendait nécessaire une réforme de la culture. Qu'importe alors qu'un régime

économique nouveau soit venu peser encore sur une
situation qui ne pouvait plus se soutenir ? il n'a fait que
rendre plus urgente, en définitive, la réforme exigée
par les circonstances. A un autre point de vue d'ailleurs,
il est un bienfait, puisque, ouvrant des débouchés plus
vastes aux productions de tous genres de notre sol, il
favorise ainsi largement la transformation de la culture,

Je sais bien que le sol d'un pays comme les ressources de ses habitants ne se prêtent pas toujours à une
direction nouvelle de l'agriculture vers telle ou telle
nature de productions ; je crois néanmoins que c'est le
plus petit nombre des contrées qui repoussent tout essai
de transformation, et s'il nous faut avouer qu'il en est
certaines qui excluent toutes chances heureuses de
réforme, nous dirons que celles-là mêmes doivent se
résigner à leur sort. Les souffrances dont leur industrie
agricole est frappée, représentent ce côté faible qui se
trouve, forcément, partout et toujours dans les institutions des hommes. A ces pays si éprouvés, d'alléger leur
mal comme ils peuvent, mais pour eux-mêmes, victimes,
le principe du libre échange doit être sacré, car il est
établi dans l'intérêt du plus grand nombre, qui est celui
des consommateurs.

D'ailleurs, nous le répéterons, les contrées réfractaires
à toute transformation de la culture sont en très-faible
minorité. Nous serions tenté d'autre part de revenir
en partie, sur la concession que nous avons faite à
leur endroit, car en modifiant les assolements dans la
culture actuelle, on peut toujours arriver à une production rémunératrice sur des espaces restreints et partant
plus énergiquement fumés. Nous développerons longue-
ment cette idée ailleurs. Étant admis ce résultat, la conséquence a en tirer de suite est que le jour où pour

l'ensemble des branches de l'exploitation usuelle, l'équilibre entre les frais et les dépenses sera complétement rompu, la perte se retournera contre le propriétaire foncier seul, sans que pour cela la production céréale soit interdite au cultivateur. Heureuses alors les contrées dont les terres se prêteront à un changement de culture! Dans cet ordre d'idées, voyons la situation présente de ma commune et les ressources que son sol peut présenter au besoin pour l'avenir.

Nous avons dit que généralement les terres ne donnaient point un rendement rémunérateur. Cela est vrai soit que la moisson ait été bonne, soit qu'elle ait été mauvaise. Les cours des denrées suivent toujours en effet une marche graduée sur l'état de la récolte. Beaucoup de personnes s'imaginent que, quand il y a eu insuffisance dans les moissons, l'élévation correspondante des cours rend le cultivateur complétement indemne. C'est une grande erreur. La disette sera toujours la disette et du mal ne sortira jamais que le mal. On ne veut point songer que quel que soit l'état de sa moisson, le fermier doit toujours prélever pour l'entretien de sa maison une quantité de grains qui reste tous les ans invariablement la même. Le prix porportionnel du blé, qui le dédommage comme cultivateur, se retourne contre lui, comme père de famille et chef d'exploitation, à la tête d'un personnel plus ou moins nombreux. Cet effet se fait d'autant plus sentir que les frais de main-d'œuvre sont liés au rendement des terres dans une proportion plus désavantageuse. Aussi, dans les périodes de cherté, c'est-à-dire quand les récoltes d'une ou de plusieurs années ont été faibles, le fermier ayant relativement moins à vendre de ses denrées traverse une crise, qui est souvent pour lui une cause de longue gêne. En tout temps, d'ailleurs, sa situation est précaire. On se demande même comment, cultivant le blé le plus souvent à perte, il peut suffire à toutes ses charges et se maintenir dans le domaine qu'il occupe. Voici la réponse.

Le fermier de ces pauvres contrées ne demande pas à réaliser de bénéfices. Toute son ambition est de vivre, lui et sa famille. Si de la culture du blé, il faisait une industrie, il serait bientôt ruiné ; mais comme il n'en fait qu'un moyen d'existence, il se dissimule la perte à lui-même en se livrant à un excès de travail, en faisant maigre chère, et en s'imposant des privations continuelles. Les paysans attachés à une exploitation font, en effet, deux fois plus de besogne que les simples journaliers. Ce n'est pas qu'ils aillent beaucoup plus vite, mais ils commencent plus tôt, finissent plus tard et perdent moins de temps. Dès l'aube, un fermier est à la charrue et la brune l'y trouve encore. Tout marche à l'avenant. Ce surcroît de labeur doit nécessairement venir en atténuation du prix de revient, tel que celui-ci est constitué partout ailleurs. C'est comme une avance qui est faite gratuitement aux frais de main-d'œuvre, puisque le travail que le cultivateur et ses auxiliaires donnent en plus, est pris sur le temps du repos, sans qu'il entraîne une augmentation du salaire.

Ce n'est pas tout ; à l'exploitation d'un domaine sont attachés une foule d'avantages, qui ne devraient être que secondaires et qui, en définitive, passent en première ligne. De ce nombre sont : le logement, l'approvisionnement de bois et de fruits, la jouissance d'un jardin, d'une chenevière et le plus souvent d'une vigne ; le fermier a en outre les profits de la basse-cour et la moitié des bénéfices donnés par les bestiaux. Là est le chapitre des compensations, qui masque en partie la perte à inscrire au chapitre de la production céréale. Ajoutons qu'à la ferme, tous, jeunes et vieux, sans distinction de sexe peuvent trouver leur emploi. Ainsi les enfants, au-dessus de 7 ans, qui, dans les ménages de journaliers, sont non-seulement une non-valeur, mais encore une charge pendant quelques années, sont, à la ferme, d'utiles auxiliaires pour la garde des bestiaux. Il est vrai qu'il serait mieux de les envoyer à l'école, mais comment imposer cette contrainte à des parents, qui manquent complétement de ressources, et qui, en employant leurs enfants, trouvent un moyen de se dispenser d'avoir des domestiques à gages ?

Ce sera toujours là l'argument le plus puissant contre l'instruction obligatoire dans les campagnes.

Au total, les avantages que nous venons d'énumérer, et que le fermier ou métayer trouve attachés à sa ferme, lui permettent de ne pas s'arrêter aux pertes qui s'inscrivent au compte de la culture. Il vit maigrement, mais il vit. En temps de crise, quand le pain et cher, il est même dans une situation, s'il a une famille nombreuse, à se tirer plutôt d'affaire qu'un journalier ordinaire avec femme et enfants.

Le fermier a, en effet, toujours devant lui des ressources présentes, sauf à différer de solder les mémoires du charron, du bourrelier, du maréchal, et les gages des domestiques. Ces ressources sont les récoltes de l'année courante et les différentes sortes de produits, qui sont attachés à la ferme, qu'il occupe. En définitive, son opération se liquide par une moyenne, et les résultats de son exploitation, durant toutes les années du bail, se compensent par des fortunes diverses.

Pour le journalier en chambre, et qui entretient sou-

vent une famille nombreuse avec le seul salaire du travail de chaque jour, la situation est bien différente.

Le journalier a rarement des avances et son crédit est
très-limité. Quand les travaux vont bien , quand les salaires sont élevés, lui et les siens se relâchent — et qui
oserait les en blâmer ! — de leurs habitudes de privations. Aussi quand viennent les temps rudes ; quand le
prix du blé atteint, comme cette année, un chiffre ano-
mal, le salaire, malgré son élévation relative, est impuis-
sant à subvenir aux besoins les plus pressants du ménage. Comment y arriverait-il, quand toutes les choses
de la consommation sont arrivées à des prix de si regrettable cherté ?

Sans compter que l'ouvrage fait souvent défaut l'hiver
aux hommes de journée, ce qui n'arrive jamais à la ferme
où, en toutes saisons, les travailleurs trouvent à s'occuper
d'une manière utile.

En somme, la position des fermiers et métayers, dans
les période critiques, malgré l'état précaire de la culture
dans ma commune, est encore moins dénuée de ressources que celle des simples journaliers, laquelle mérite
toute commisération ; et cela est particulièrement vrai
pour les familles qui comptent de nombreux enfants.

Ce fait seul pourra avoir pour résultat de sauver l'agriculture du pays d'une ruine totale pour ce qui touche les
intérêts du propriétaire foncier; mais dans un autre sens,
il est à craindre qu'il ne la condamne à végéter indéfiniment. La possibilité de trouver des hommes pour exploiter les fermes d'après les bases actuelles, détournera
peut-être, en effet, l'esprit des propriétaires de la recherche d'une culture plus conforme aux propriétés spéciales
du sol et par conséquent plus rémunératrice. Ceci serait
d'autant plus regrettable que la réforme, dont le besoin se

fait sentir, serait non-seulement profitable à ceux qui possèdent le sol, mais encore à ceux qui le cultivent. Nous venons de voir le maigre régime que s'imposait le fermier de ce pays-ci ; il est évident que s'il réussissait à faire produire davantage aux terres, il serait en mesure d'améliorer les conditions de son existence, ce qui n'est pas de petite conséquence, ainsi que cela résulte des considérations qui vont suivre.

Qu'ai-je voulu prouver jusqu'ici ? C'est que dans cette partie de la Touraine dont la commune d'Orbigny offre le type, la culture céréale, considérée comme culture générale n'était la plus fructueuse ni pour le fermier ni pour le propriétaire foncier. J'en ai fourni deux raisons, l'une tirée de la stérilité naturelle du sol, l'autre des effets probables du régime, fort rationnel d'ailleurs, de la liberté du commerce des grains. J'ai donné enfin, pour preuve à l'appui, un aperçu de l'état misérable où vivait la population agricole de la contrée. Je me propose à présent d'indiquer une troisième cause de l'infériorité où se trouve manifestement placée ma commune, pour la production céréale. Je veux parler de ce fait que la cherté de la main-d'œuvre est plus accentuée ici qu'ailleurs et par conséquent grève plus lourdement le prix de revient. Ceci a besoin d'une explication.

Conformément à la loi de toutes choses, les lieux attirent la population en raison des avantages qu'ils présentent. Offrent-ils, dès l'origine, de grandes facilités d'existence et de bien-être, les familles y affluent et s'y fixent. Or, dans une contrée où le terrain, depuis des siècles, n'a aucune valeur parce qu'il n'a aucune propriété productrice ; où la semence, frappée de stérilité, ne donne que quelques épis rachitiques ; où le courage, la persévérance de l'homme des champs ne se retrempent jamais aux sources de l'abondance ; dans ce pays, dis-je, comme à une table où ne peuvent s'asseoir qu'un cer- tain nombre de convives, il n'est venu s'établir que juste le nombre de familles assurées d'y trouver la subsistance essentielle. Encore quelles privations n'ont pas endu- rées, à travers les générations passées, les malheureux que le sort y a jetés ! Qu'en est-il résulté ? C'est que par suite d'une misère séculaire, la race s'y est abâtardie. Numériquement, la population est faible; si l'on considère la force virile, la puissance musculaire, la vigueur de la constitution, elle est plus faible encore. Faut-il pour cela jeter un regard de dédain et de mépris sur ces popula- tions déshéritées ? Loin de là, elles portent encore les stigmates de plusieurs centaines d'années de souffrances, imposées à leurs ancêtres. C'est une raison d'honorer en elles le malheur des anciens âges, qui leur a légué un corps débile et, chez quelques-uns, un mâle courage.

Au reste, l'heure de la régénération est commencée. Le progrès des lumières a fait la régénération sociale; le progrès des mœurs, comme celui de l'industrie, poursuit sans relâche la régénération physique de la race affaiblie.

Mais de ce qu'un sentiment de pieuse commisération nous montre le rachitisme de certaines populations sous le jour d'une auréole qui le sanctifie et le relève, est-ce à dire qu'il ne nous est pas permis de faire ressortir les conditions d'infériorité, où, par suite de ce rachitisme même, se trouvent placés les pays originairement sté- riles ? Non sans doute.

Il faut avoir le courage de le déclarer, dans toute opération industrielle — et l'agriculture est une industrie — le loyer du travail devrait être en raison directe de la vigueur des travailleurs comme, par la force des choses, le prix auquel il est coté, est en raison inverse de leur rareté.

Pour ma commune et pour les contrées similaires, qu'arrive-t-il?

Pendant dix, vingt, trente générations, un petit nombre d'habitants a suffi à cultiver le sol. Mais si tout à coup un élan nouveau est donné à la culture, si on introduit les méthodes intensives, si on défriche d'anciennes terres, on se trouve en présence d'une population numérique insuffisante. Déjà, la rareté des bras va être une première cause de la cherté de la main-d'œuvre. Mais ce n'est pas tout ; car à côté de la cherté absolue, il y a la cherté relative qui réside, elle, dans l'infériorité des forces vives que donnent dans un pays, comparativement à d'autres pays, les gens employés à la culture.

Cela veut-il dire qu'il faille diminuer les salaires? Loin de moi cette pensée. Mon dessein était de constater seulement ce fait que dans les contrées stériles le prix de revient pour la production céréale, ce qui est une ironie amère du sort, est souvent plus élevé que dans les bons pays.

Toute critique appelle une conclusion. Si donc j'ai réussi à prouver que la culture du blé se fait dans des conditions à plusieurs points de vue défavorables dans la contrée qui nous occupe ; si l'on reste convaincu que l'avenir, sur les bases d'opération actuelles, ne présente en fait aucune chance réelle d'amélioration, il faut bien que j'indique le régime qui, selon moi, est le mieux fait pour remplacer l'état de choses existant.

Je commencerai par dégager l'esprit de la loi du libre échange en ce qui touche spécialement l'agriculture.

Son économie me paraît devoir se formuler ainsi :

La meilleure opération agricole, sous le régime du libre échange, est celle qui, pour chaque contrée, adopte la culture la mieux appropriée à la nature de la terre.

L'affinité spéciale du sol pour la plante qui fait l'objet de la culture, donne, en effet, lieu dans ce cas à la production la plus large, et la liberté commerciale, avec les facilités de transport existantes, assure d'autre part l'écoulement des produits.

Reste à tenir compte des frais de la culture, pour juger le résultat définitif de l'opération.

En se plaçant au point de vue de la richesse créée, en d'autres termes, en n'envisageant que le produit brut, on constaterait déjà un premier résultat heureux. En se plaçant ensuite au point de vue industriel ou de l'intérêt privé, qui ne considère que le résultat arithmétique d'une opération, c'est-à-dire la représentation en argent des produits, déduction faite des frais, je crois que là encore, après examen, on trouverait un avantage à ne donner au sol qu'une culture appropriée à sa nature.

Ce dernier point de vue est d'ailleurs le seul qui soit pratique.

Eh bien! appliquant à ma commune les principes que je viens d'énoncer, je crois que deux cultures principales rentrent dans les propriétés particulières de son sol, et doivent être, en fin de compte, fructueuses pour le propriétaire foncier.

Ces deux cultures se rapportent au bois et à la vigne.

En ce qui concerne la première, celle des bois, ses avantages se tirent de ce que les frais de production y sont peu élevés. C'est ce qu'on appelle une culture à basse main-d'œuvre, qui convient naturellement aux terrains ingrats.

Un bois taillis ne s'exploite que tous les quinze ou vingt ans, pendant lesquels la dépense est à peu près nulle. Pour les petits espaces, la seule charge est l'impôt, qui est lui-même, par la nature même de la culture, de faible importance. Pour les grandes superficies, il faut y ajouter les frais de garde, indispensables pour protéger les bois contre les déprédations, surtout quand ceux-ci ne sont pas *défensables*, c'est-à-dire quand, par leur hauteur, ils ne sont pas à l'abri de la dent des bestiaux.

Le produit brut des bois, considérable l'année même de la coupe, se réduit souvent à un chiffre minime, quand on le répartit sur toutes les années de la croissance; mais l'absence de tous frais de main-d'œuvre pendant un long laps de temps, n'apportant aucune réduction à la valeur brute des coupes, assure toujours un bénéfice au propriétaire. Si faible que soit le revenu, ce revenu existe et se traduit par un chiffre positif. Il est d'ailleurs en rapport avec le bas prix de la propriété dans les pays maigres.

Ainsi l'élément « frais de production » qui tient une place si considérable dans la fin de toute opération agricole, se présente dans les conditions les plus favorables pour ce qui regarde la culture des bois. Le revenu réel ou le produit net est d'ailleurs la résultante combinée des frais de production et du produit brut; il nous faut donc voir maintenant comment se comporte la bonne venue des bois dans certaines catégories de terrains maigres.

La composition chimique du bois est formée essentiellement de carbone, d'oxygène, d'hydrogène, d'azote et de certaines matières minérales, telles que la silice, la magnésie, la potasse, le phosphate de chaux, des oxides de fer et certains sels alcalins.

Remarquons tout de suite que les corps simples qui entrent dans la composition du tissu ligneux, comme l'oxygène, l'hydrogène, l'azote, le carbone peuvent être directement fournis par l'air qui les véhicule indistinctement partout et dans des proportions presque invariables. Seules, la quantité de vapeur d'eau et la quantité d'acide carbonique contenues dans l'atmosphère, varient selon les conditions météorologiques ou les circonstances particulières des lieux.

Notons encore que par leur immense développement extérieur, les arbres sont admirablement disposés pour s'approprier les principes essentiels qui les entourent de toutes parts et au milieu desquels ils grandissent.

Assurément, tous les corps simples, qui existent dans la contexture du bois, ne lui viennent pas de l'atmosphère ; une partie lui est fournie par le sol, par l'eau du ciel et par l'air qui se trouve confiné dans le sein de la terre. Néanmoins, il est vrai de dire généralement que les plantes font à l'atmosphère un emprunt d'autant plus grand qu'elles ont un plus vaste développement extérieur. Ainsi, pour cette raison, les céréales, qui sont l'objet d'une culture annuelle, et dont la tige et les feuilles sont exiguës, recevant moins de l'atmosphère, ont plus besoin de trouver des ressources de fécondité dans le sol.

Par contre, cela explique encore pourquoi, sur des terrains dénués d'humus, on rencontre parfois des arbres gigantesques, dont on s'explique difficilement la vigoureuse végétation. Tout le secret est dans ce fait, que l'air extérieur les a puissamment aidés à se constituer, et que leurs racines, en fouillant profondément les régions souterraines du sous-sol, sont allées y puiser certains principes minéraux, que les plantes de la famille des graminées, comme le froment, l'orge, le seigle et l'avoine, ne sauraient rechercher ni atteindre.

En thèse générale, on peut donc dire que les plantes vivaces, tels que les bois, la vigne, les ajoncs, les bruyères, conviennent particulièrement aux pays maigres, dont toutes les ressources végétales, externes et internes, trouvent ainsi un emploi utile.

Reste le choix des essences à approprier à la nature particulière des terrains. Si les corps simples dont nous avons donné plus haut la nomenclature forment une base commune qui entre dans la composition de tous les tissus ligneux, on ne saurait en dire autant des matières minérales, qui varient beaucoup au contraire suivant qu'il s'agit de telle ou telle essence.

Ces matières minérales, comme nous l'avons dit, sont, le plus souvent, de la potasse, de la silice, de la magnésie, des oxydes de fer, des sels alcalins, du phosphate de chaux, etc.

Si l'on voulait ne faire que de la culture raisonnée, il faudrait de grandes connaissances pour rapprocher la composition chimique des essences qu'on veut produire, des propriétés minérales du sol où l'on sème. Heureusement, la pratique y supplée. Toutefois, sans entrer dans aucun détail particulier, nous ferons cette remarque générale que les principes minéraux ci-dessus mentionnés du tissu ligneux, se trouvent pour la plupart renfermés dans les argiles communes.

Les argiles sont, en effet, des combinaisons en proportions variables de silice, d'alumine et d'eau, quelquefois pures, le plus souvent mélangées de matières étrangères, telles que carbonates de chaux ou de magnésie, silicates de chaux, silicates de potasse, oxydes de fer, etc.

Si l'on rapproche la composition chimique du tissu ligneux de la composition plastique des argiles, on voit que dans tous les terrains à fond d'argile les bois ont chance de prospérer.

Cette condition favorable se trouve remplie sur la majeure partie des terres de la contrée dont je fais la monographie.

Nous divisons, en effet, nos terrains en trois classes. La

première comprend les bournais, ou terres froides ; la seconde, les *perruches*, ou terres recouvertes de cailloux
roulés, de diverses formes comme de diverses couleurs,
selon leur composition minérale ; la troisième enfin, les
terres calcaires, ou terres chaudes.

Nous reviendrons plus tard sur ces trois catégories de
terrains, au point de vue des ressources qu'ils présentent
pour la culture proprement dite. Pour l'instant, nous
nous contenterons de dire que les terres des deux premières catégories, qui sont de beaucoup les plus nombreuses du pays, ont un fond commun d'argile. La nature,
du reste, en est variable, comme l'indique les colorations
multiples que la diversité des éléments minéraux donne
aux couches. Ici, nous rencontrons l'argile calcarifère ou
marneuse, contenant une certaine proportion de carbonate
de chaux et d'une teinte blanchâtre ; là, l'argile ocreuse
ou ferrugineuse colorée en rouge par de l'oxyde de fer
anhydre. La plus commune peut-être dans la contrée est
l'argile jaune, ou terre glaise, qui doit sa couleur à la
présence de l'oxyde de fer hydraté. C'est dans cette dernière que le bois paraît le mieux réussir, bien que l'expérience ait démontré que, dans les autres argiles, il atteint
aussi un développement convenable.

Quant aux espèces ligneuses à choisir, le plus sage est
toujours d'adopter celles du pays. Ce sont les usages
locaux qui, généralement, se trompent le moins en ces
occasions.

Dans la commune d'Orbigny, comme dans un rayon
assez étendu, les semis les plus habituels sont ceux de
chênes et de châtaigniers, mais de chênes surtout.

Ces essences sont celles qui paraissent convenir le
mieux aux terres fortes de la contrée. Cependant, il se
trouve, en petit nombre, des terrains sablonneux ou *sili-*

ceux, à fond d'argile, où les sapins croissent rapidement; mais c'est là une très-faible exception.

Je maintiens donc que dans un pays maigre comme le mien, où la culture céréale ne saurait être rémunératrice, la culture des bois, à laquelle se prête d'ailleurs la nature du sol, offre des avantages incontestables.

Ces avantages, je les résume par ce double fait que les frais de production, dans ce genre d'exploitation, sont presque nuls, et que les produits, d'autre part, deviennent chaque jour l'objet d'une faveur croissante.

Personne n'ignore la consommation immense de bois qui a été faite en France dans ces vingt dernières années. L'accroissement de la population, l'aisance progressive des masses, l'impulsion donnée aux grands travaux publics comme aux constructions privées, le développement des plantations de vignes, qui ont été et sont tous les jours la source d'une dépense énorme d'échalas et de merrains, toutes ces causes ont épuisé la provision de bois que plusieurs siècles avaient faite au pays.

L'industrie de la tannerie particulièrement absorbe, chaque année, une masse considérable d'écorces; et le nombre et l'importance des coupes cessant d'être en rapport avec les besoins de la consommation, il en est résulté une élévation des cours, qui ne paraît pas encore avoir atteint son chiffre définitif.

Les bois sont donc des produits très-recherchés, et qui le deviendront de plus en plus dans l'avenir. En outre, ils jouissent du privilége d'occuper des espaces souvent inaccessibles à la charrue, comme les coteaux escarpés. Mais ce n'est certes pas des considérations de ce dernier genre, se rapportant à des cas particuliers, qui recommanderaient seules la culture des bois aux pays dont le sol n'est pas suffisamment fertile pour la production céréale.

Non, les véritables raisons qui militent en faveur de cette culture sont celles que nous avons données plus haut, auxquelles il faut ajouter cette autre, que dans les lieux où croissent des bois le déchet annuel de l'herbe et des feuilles mortes a pour effet de former une couche de terreau léger, qui améliore considérablement le fonds. Nous rappellerons enfin que les pentes boisées, contrairement à ce qui a lieu pour les terres arables, retiennent parfaitement l'humus superficiel.

Malgré tous les bons effets qu'on pourrait attendre de la culture des bois dans les conditions spéciales ci-dessus mentionnées, il est malheureusement vrai de dire qu'elle ne saurait admettre une pratique générale. Il faut être très-riche pour semer ou planter une propriété de quelque étendue. Chacun a le plus généralement besoin de son revenu pour vivre, et un pauvre gland enfoui dans le sol met du temps pour grandir. Aussi combien peu ont assez d'abnégation pour renoncer présentement à des ressources souvent nécessaires et les laisser se capitaliser au profit d'un avenir, qui peut-être ne leur appartiendra pas.

La culture des bois n'étant pas à la portée de tout le monde cesse d'être une culture normale. J'ai cru cependant devoir l'indiquer dans cette étude monographique de ma commune. A vrai dire, en la signalant comme une source de revenu réel, j'ai eu plutôt en vue, dans ma pensée, les grandes propriétés où elle est à l'état de fait accompli, que je n'ai songé à la présenter comme une culture praticable pour la masse des terres de la contrée. Je n'ai pas ignoré un seul instant que les bois sont et seront toujours l'objet d'une culture d'exception.

J'arrive maintenant à la seconde culture, qui me paraît convenir au sol du pays, je veux dire celle de la vigne ;

mais comme cette culture est le principal objectif de mon étude, j'y consacrerai un chapitre spécial.

Sans entrer ici dans l'examen physiologique de la culture de la vigne et des conditions de climat et de terrain qu'elle exige, je ne parlerai donc que des circonstances extérieures nécessaires à son libre développement, et je dirai l'état des ressources de la contrée, que je voudrais voir se transformer en vignoble, suivant le régime dont je me propose de donner un projet.

La culture de la vigne est une culture à haute main-d'œuvre ; c'est dire qu'elle occupe un grand nombre de bras sur un espace restreint. A ce point de vue, elle est essentiellement colonisatrice.

Coûtant beaucoup, il faut nécessairement qu'elle donne beaucoup. En cela elle confirme ce principe, admis par tous les agronomes, que la terre rend proportionnellement avec d'autant plus de largesse qu'on lui a fait plus d'avances.

La vigne bien cultivée rémunère donc libéralement celui qui en prend soin. Répandue sur un vaste territoire, elle doit alors semer partout l'aisance autour d'elle. C'est ce qui arrive, en effet. Le propriétaire est tout naturellement le premier qui recueille les bienfaits de cette culture. Mais le travailleur y trouve aussi le bénéfice d'une situation meilleure. Dans beaucoup de pays même, le prix élevé des salaires a permis aux vignerons d'acquérir et de planter les terres avec le fruit des économies de quelques années seulement, et les propriétaires rencontrent aujourd'hui de sérieux embarras à faire cultiver leurs vignes. Cela explique la cherté excessive de la main-d'œuvre dans la plupart des contrées vignobles. De cette cherté, quelques-uns veulent voir une autre cause dans le prétendu mauvais vouloir des populations, chez qui le goût de la

propriété aurait développé un sentiment exalté d'indépendance. C'est la pensée qu'a exprimé Richelieu, quand il
a écrit dans ses mémoires : « Tous les politiques sont
d'accord que si les peuples étaient trop à leur aise, il serait
impossible de les contenir dans les règles de leur devoir. »
Pour nous, nous n'admettons pas les conclusions auxquelles semble vouloir tendre cette maxime gouverne-
mentale. Nous pensons au contraire que la liberté est le
premier de tous les droits, comme son plus grand bienfait
est de pouvoir acquérir d'abord, et d'administrer ensuite
son bien comme on l'entend. A notre sens, on est donc
mal fondé à reprocher à l'homme qui travaille, de donner
tous ses soins à sa propre terre au lieu de façonner le
champ d'autrui. S'il résulte quelques mauvais effets de la
trop grande diffusion des richesses, il faut se dire que les
meilleures choses ont des côtés funestes, et c'est à
chacun, en définitive, à détourner le mal selon ses inspi-
rations.

De ce qui précède, nous dégagerons les deux points que
voici, et qui ne sauraient être séparés :

1° La culture de la vigne, culture intensive par excel-
ence, exige, *ipso facto*, un grand nombre de bras.

Mais nous démontrerons qu'on peut, par un système de
culture mixte, alléger considérablement les charges de la
main-d'œuvre.

2° Plus que toute autre culture, la culture de la vigne
est capable, par sa prospérité même, de rémunérer largement les travailleurs.

Vouloir introduire la vigne dans une contrée pour y
être cultivée en grand, c'est donc tenter une œuvre profitable à la population, puisqu'on lui apporte ainsi des
chances de gains journaliers, d'où pourront naître un jour
le bien-être et l'aisance.

J'ai développé plus haut les raisons pour lesquelles la population, dans ma commune, faisait relativement défaut à la culture. J'aurais dû ajouter que le voisinage des pays vignobles de la côte du Cher et l'exploitation des bois et forêts, dans certaines saisons, nous enlevaient un très-grand nombre de bras. Mais c'est la première cause qui exerce, en fait, le plus d'influence sur l'élévation du prix de la main-d'œuvre. Cette influence se fait sentir de deux manières ; d'abord, par suite du nivellement naturel des gages et salaires dans un certain rayon, et ensuite à cause des emprunts faits à notre population par les pays vignobles, et d'où résulte une plus grande rareté des bras.

Nous avons vu que la production céréale ne pouvait pas lutter contre cette situation. Que reste-t-il à faire? Essayer de retenir nos travailleurs en leur offrant les avantages qu'ils trouvent ailleurs ; tenter même d'attirer des familles nouvelles, en faisant ces avantages les plus grands possible.

Pour cela, que faut-il? Il faut que le sol produise assez pour payer ces largesses.

Là est le problème. Ce problème résolu, le pays se transformera de lui-même. Les maisons s'élèveront, les habitants viendront, et le sol, dans ses parties les plus délaissées, se ressentira de cette activité nouvelle.

Quelle est la culture capable d'opérer ce prodige? Celle de la vigne, mais de la vigne soumise au régime économique que j'indiquerai.

CHAPITRE IV.

LA VIGNE.

La vigne a été cultivée de tout temps dans ce pays-ci; mais seulement en vue des besoins locaux. En d'autres termes, elle n'a jamais fait l'objet d'une culture étendue, comme sur les rives du Cher et de la Loire, où la production du vin est le principal revenu des terres. Autrefois, les propriétaires n'avaient de vignes que comme accessoires, pour la consommation de leurs maisons; soit qu'on n'ait pas jugé, dès l'origine, le sol parfaitement propre à cette culture, soit que l'attention ait été détournée de cet objet par l'absence de débouchés et de voies de communication convenables.

Cependant, depuis une dizaine d'années, les plantations de vignes ont pris une extension notable. Le succès a, du reste, couronné ces tentatives, et l'on peut dire que la viticulture a pris, dans nos parages, presque l'importance d'une découverte. Cela fait espérer qu'elle se généralisera encore et qu'elle deviendra par la suite la culture véritablement industrielle du pays.

Ce qui a le plus contribué à produire les premiers essais qui ont été tentés, ce sont les facilités que donnaient aux propriétaires les nouvelles méthodes de culture à la charrue. Sur un sol de faible valeur, on pouvait ne point épargner le terrain. On fit l'expérience. On s'avança d'abord d'un pas timide ; et on s'aperçut bientôt qu'on marchait sur une terre ferme. Or, il advint que plus on s'avança et plus il resta, après l'opération, de bons écus sonnants. Aujourd'hui, dans un rayon de 6 kilomètres, il existe plusieurs grandes exploitations, où la vigne se cultive à la charrue, et qui sont toutes très-prospères.

En quelle estime ne devons-nous pas tenir une culture qui change si favorablement la situation de notre agriculture ? Autrefois, nous étions habitués à un faible rendement de nos terres. Quand un champ avait, dans le passé, payé les façons et laissé un morceau de pain au cultivateur, on estimait qu'il avait suffisamment payé sa dette. Aujourd'hui, la culture des vignes à la charrue prouve que nous colomniions notre sol. Il ne mérite sa qualification de stérile, qu'autant qu'on veut le forcer à produire indistinctement partout, soit des céréales, soit des fourrages. En modifiant les bases de la culture, l'expérience nous a appris, au contraire, que l'ensemble de nos terres est en mesure de nous donner, par hectare, le revenu moyen de la bonne propriété en France. Pour cela, du sol, il suffit de faire deux parts : la première, composée des meilleurs champs, sera consacrée à produire le blé et à nourrir le bétail ; la seconde, selon les propriétés particulières des terrains, tant à cultiver la vigne qu'à lui fournir les engrais végétaux, dont elle aura besoin.

Tel est le programme sommaire qu'il me faut développer. Il n'est, comme on voit, que l'application du principe cité plus haut et que j'ai formulé ainsi :

La meilleure culture est celle qui, tenant compte des affinités spéciales du sol, ne confie à celui-ci que les plantes que comporte sa nature.

Voyons donc si la vigne convient véritablement au sol du pays dont nous nous occupons.

La vigne est un arbrisseau vivace par excellence. Elle se livre à un luxe de végétation, qui n'est guère connu, sous notre climat, que de la clématite ; avec cette différence toutefois, que sa sève vagabonde a des jets capricieux en haut comme en bas, aux branches comme aux racines.

S'il était possible de dépouiller le pied d'une treille de la terre qui le recouvre, on constaterait presque un égal développement dans la région souterraine qu'au-dessus du sol.

Avec l'exubérance de sève qui distingue la vigne, il faut nécessairement soumettre celle-ci à un régime qui modère et qui règle sa végétation. C'est par la taille qu'on y arrive.

La taille a un double but.

Le premier est de tenir la plante captive dans l'espace étroit, qui lui est assigné. C'est par les amputations opérées sur chaque cep, qu'on obtient ce résultat. Sans cela, la vigne grimperait et s'élèverait indéfiniment à l'aide des vrilles, dont la nature l'a pourvue et qui sont destinées à lui trouver des points d'appui.

Le second but est de diriger, en supprimant les pampres inutiles, les sucs nourriciers que distillent les racines, vers les grappes où ils se concentrent et forment le fruit.

Du reste, la vigne n'est point difficile pour le choix du lieu même qu'elle occupe, pourvu qu'on lui donne les amendements, dont elle a besoin pour la reconstitution annuelle des récoltes.

M. Jules Guyot, dans son remarquable traité de la culture de la vigne, dit quelque part. « La vigne est l'arbrisseau le plus facile à multiplier et à cultiver dans tous les terrains et dans tous les pays de la France, compris entre les Pyrénées et la Méditerranée, et une ligne qui partirait de Vannes, en Bretagne, pour se diriger sur Mézières en passant par Alançon et Beauvais. »

Un peu plus loin, il ajoute. « Les sols calcaires, siliceux, alumineux, magnésiens; les terrains primitifs, de transition, secondaires, tertiaires, volcaniques, conviennent tous parfaitement à la vigne. »

Sans doute tous les terrains énumérés par le savant viticulteur conviennent à la vigne; mais ils lui conviennent des degrés différents.

En général, l'humus naturel, plantureux et fertile, la vigne le dédaigne. Ce n'est pas que celle-ci n'y puisse pousser, au contraire, elle y pousse trop. Soit que les couches trop profondes de terre végétale et partant perméables à l'humidité, constituent pour elle un milieu trop froid; soit que la séve, emportée par un jet trop abondant, malgré les adresses de la taille, ne puisse pas s'arrêter à la grappe et se porte tout entière aux rameaux, un fait incontestable, c'est que le plus ordinairement les terres de bonne qualité ne sont que de très-mauvais vignobles.

Non, ce n'est pas dans l'épaisseur de l'humus, si favorable au développement des productions céréale et fourragère, que la vigne va chercher l'abondance et la saveur de son fruit. C'est bien plutôt la qualité du sous-sol qu'elle recherche. Les fonds calcaires et argileux sont ceux qui paraissent lui convenir le mieux. Sa racine pivote et court à l'aveugle; pourvu qu'elle n'arrive jamais à des régions humides, voilà le point essentiel. L'humidité rouille les radicules de la plante et tue le principe de sa fécondité. Au total, la tête au soleil, les racines au sec ; telles sont les deux conditions principales pour que la vigne prospère.

Quant aux autres conditions qui peuvent favoriser plus ou moins le développement et la fructification de la vigne, je ne doute pas qu'elles ne soient très-variables selon les localités. Je le répète, je circonscris mon étude à la région, que j'ai observée. Je constate donc ce fait que dans cette région même, beaucoup de terres réputées ingrates seraient essentiellement propres, par la nature de leur sous-sol, à la culture de la vigne, et que si l'on adoptait cette culture, il serait possible de relever l'agriculture locale de la situation malheureuse où elle est en ce moment.

Outre les raisons que donne la convenance du sol d'entrer dans cette voie, j'y trouve un autre motif dans la supériorité relative que me semble avoir la production du vin sur la production de toutes les autres denrées.

Qu'est-ce qui établit, en effet, le prix d'une denrée ?

Il faut distinguer.

S'agit-il du prix absolu ? — C'est le rendement par rapport aux frais de production.

S'agit-il, au contraire, de ce que j'appellerai le prix relatif, c'est-à-dire le cours de cette denrée sur le marché ? Alors, ce prix-là se compose de deux éléments, dont le premier est fourni par le prix de revient moyen et dont l'autre résulte de l'état de l'offre et de la demande, ou, si l'on aime mieux, de l'état de la production par rapport à la consommation.

Ceci posé, qui consomme le vin ? On peut presque dire le monde entier ; un jour on dira le monde entier.

Maintenant, quels pays produisent le vin ? Beaucoup de pays, sans doute. L'Espagne, l'Italie, l'Allemagne, la

Hongrie, la Grèce et jusqu'aux coteaux que domine le Caucase.

Mais le vin de la consommation usuelle, le vin qui répare les forces et soutient le malade, le vrai vin inoffensif et généreux, qui semble avoir retenu un rayon de soleil béni pour réchauffer le cœur, on peut dire que c'est la France presque seule qui le donne.

La France se trouve donc dans cette situation privilégiée de produire un vin que tout le monde boit; que nul autre pays ne récolte.

Au résumé, consommation sans limites; production restreinte; d'où un prix relatif élevé, qui établit pour la vigne un revenu d'exception.

Autre chose. — Le blé, par exemple, étant de tous les pays, son cours, s'établira sur une moyenne équilibrée de la récolte générale. Si donc un déficit se produit exceptionnellement dans un pays, il ne s'ensuivra pas nécessairement pour cela, dans ce pays, une élévation correspondante des cours, ceux-ci restant soutenus par l'importation étrangère.

La conséquence est que les intempéries pourront quelquefois, dans une certaine région, causer un préjudice notable à l'industrie agricole usuelle, du moins sous le régime de la liberté commerciale.

Pour la vigne, la situation n'est plus la même.

La France, étant pour les vins le principal pays producteur, sa production n'ayant conséquemment pas à craindre sur le marché de concurrence sérieuse des autres pays qui cultivent la vigne, il s'ensuit que c'est l'état de la récolte française, qui servira de base réelle à la fixation des cours en France. Si la récolte d'une année établit un déficit, eh bien! la perte sera le plus ordinairement compensée par l'élévation des prix de vente.

D'après cela, les propriétaires devraient toujours retirer à peu près le même revenu de leurs vignes. En fait, il n'en est pas ainsi. Il y a à cela plusieurs causes ; d'abord les différences de qualités annuelles, qui affectent diversement les cours ; ensuite des intempéries locales, et surtout le plus ou moins de soin que mettent les propriétaires à entretenir leurs vignes, par des amendements, sur un pied de fertilité constante.

Si l'on voulait poursuivre la comparaison des deux cultures céréale et de la vigne, en France, on pourrait signaler en faveur de la dernière un avantage, qui n'est pas sans importance.

Parmi les causes, qui rendent si précaire notre situation agricole sous le régime en vigueur, nous avons déjà eu l'occasion de signaler les différences dans les prix de main-d'œuvre que l'on constate chez tous les peuples qui produisent le blé.

On comprend que, sur un marché libre, les conditions du travail, source de la production, devraient partout rester les mêmes, pour que les intérêts particuliers de tous les pays fussent respectivement sauvegardés. Si elles devaient varier dans une proportion notable, il serait nécessaire alors que là où la main-d'œuvre est la plus chère, l'équilibre fût maintenu par le fait des diverses charges qui incombent à l'importation des grains étrangers. Malheureusement, le nivellement des salaires est loin d'être accompli en Europe ; et, d'un autre côté, le fret par navires ou le transport par chemins de fer, joint aux bénéfices des intermédiaires, ne grève pas l'importation d'un surcroît de charges, qui dégage la situation de certaines contrées déshéritées.

Cela ne m'a pas empêché ailleurs d'approuver la législation nouvelle, à cause des services qu'elle peut rendre

5

à la classe des consommateurs. Mon but, ici, est seulement de signaler un inconvénient qui est propre à la culture céréale, et qui n'existe pas en ce qui touche la production du vin.

Pour cette dernière denrée, comme c'est nous qui approvisionnons presque seuls le marché, les cours se règlent, et sur l'abondance ou la disette de la récolte, en France, et sur le prix de revient dans notre pays.

Dès lors, si le vin coûte cher à produire chez nous, son prix restera forcément élevé, sans que nous ayons à redouter la concurrence étrangère. J'ai fait d'ailleurs toute réserve pour les qualités annuelles qui peuvent donner plus ou moins de relief à l'élévation des cours.

En résumé, tant à cause de son climat tempéré que par la vertu propre de son sol, la France, comme par don de nature, se trouve dans une situation privilégiée, entre toutes les nations, pour la culture de la vigne. C'est le haut prix relatif qu'atteignent ses produits, qui rend partout cette culture essentiellement rémunératrice, pour le présent du moins ; car, on parle de plantations importantes, dans certaines contrées du nouveau monde, notamment en Californie, où l'on récolterait déjà, à ce qu'il paraît, des vins de qualité distinguée. Mais cette concurrence possible, nous l'avouons, ne nous effraye pas, et nous maintenons que la culture de la vigne dans nos régions, partout où elle est possible, est la plus fructueuse qui se puisse faire.

Je viens de rapprocher la situation particulière de la France, de celle des autres grands pays producteurs. Si maintenant nous considérons ce qui se passe dans notre pays même, nous verrons que la production du vin se fait dans des conditions très-diverses ; et, de cet examen, j'espère faire ressortir la position avantageuse qui reste à la grande

culture, selon le système que je me propose de développer au lecteur.

Tout à l'heure, en parlant du vin en général, nous
envisagions sa valeur relative. Maintenant, nous allons
considérer sa valeur absolue, ou, pour mieux préciser, sa
valeur dégagée de toutes considérations autres que celles
ayant trait à sa production au lieu même où il est ré-
colté.

Pour le producteur, répétons-le encore, la valeur absolue d'une pièce de vin est celle qui ressort du prix de
revient. Sa valeur réelle est son prix, tel qu'il est établi
par les cours. Or, les cours n'envisagent jamais que la
valeur relative des objets, comme nous l'avons démontré
ailleurs. En bonne justice, les cours devraient toujours
être supérieurs à la valeur absolue. La différence repré-
senterait le bénéfice industriel; il n'en est pas toujours
ainsi. Le blé, par exemple, dans de certaines années, se
vend en France, à un prix inférieur, à celui auquel il revient dans quelques contrées maigres. Alors, le bénéfice
industriel est négatif.

Le vin, au contraire, plus favorisé, se vend le plus
habituellement, un prix rémunérateur ; ce qui veut dire
que sa valeur relative est presque toujours supérieure à
sa valeur absolue.

On conçoit, d'après cela que, si par des méthodes spéciales vous faites produire à un hectare, avec une dépense
minime, le même rendement que d'autres obtiennent par
des moyens coûteux, vous diminuez ainsi, à votre profit,
la valeur absolue de vos produits, puisque ceux-ci, con-
fondus dans l'ensemble de la production, conservent toujours la même valeur relative dont les cours vous représentent le chiffre. Dès lors, rien n'empêche que des terres
placées dans ces conditions de culture économiques en

donnent lieu à des revenus, dont l'importance tout d'abord étonne.

En principe, la culture de la vigne à la charrue me paraît celle, qui réunit le plus de chances de succès. Mais il s'agit de la soumettre au régime le moins coûteux et partant le plus propre à assurer des bénéfices. Avant d'aborder cette étude, voyons les conditions ordinaires de la culture dans les pays vignobles, et établissons une comparaison entre les deux grands modes en usage.

Aujourd'hui, la culture de la vigne à la charrue ne forme que l'exception encore. Presque partout, la vigne est cultivée à bras. Inutile de dire que cette dernière culture est beaucoup plus onéreuse que la première; il s'ensuit donc un prix de revient plus élevé ici que là. Donc, premier avantage en faveur de la culture à la charrue.

Ce n'est pas tout. Dans les pays vignobles d'ancienne date, comme nous en avons déjà fait la remarque, les gens de journée, gagnant de forts salaires, ont fait des économies et sont presque tous devenus propriétaires vignerons. Le petit nombre de travailleurs disponibles ne suffit donc plus pour la culture. On croit, au premier aperçu, qu'il ne s'agit ici que d'une augmentation de salaire. D'abord oui, bien entendu, le salaire est augmenté; mais ce qui devient tout à fait embarrassant, c'est que en maints endroits, on ne trouve plus à donner les façons des vignes à forfait. Je sais personnellement 15 arpents de vigne qui sont menacés de rester sans culture. Sans doute, il sera toujours possible de leur faire donner les façons isolément; mais aux prix de quels sacrifices ! Quand viennent les travaux du printemps, que les jours sont comptés, qu'il y a urgence de marer les vignes et de faire les avoines, qui ne sait les difficultés qu'on rencontre à se procurer des hommes de journée? Il faut subir alors des exigences qui absorbent tous les bénéfices de la récolte, sans compter que les façons ne sont que très-rarement données dans la saison convenable et qu'elles ne produisent pas dès lors tout l'effet utile.

Voilà certes une situation extrêmement critique qui, loin de présenter des chances de se modifier dans l'avenir, semble au contraire s'affirmer de plus en plus chaque jour, et préoccupe sérieusement les propriétaires de vignes dans les grands centres de production.

La culture de la vigne à la charrue, en transposant pour ainsi dire les conditions du travail, en laissant aux chevaux une grande part de la besogne, dont l'homme était chargé auparavant, atténue considérablement les inconvénients qui résultent de la rareté des bras.

Ceux qui l'ont adoptée courent donc moins de risques de voir le succès de leurs exploitations compromis par des obstacles de la nature de celui que nous avons signalé. Ils ont, en effet, plus de moyens de lutter, puisque, ayant eu soin de diminuer l'élément «main-d'œuvre proprement dite » le manque de bras qui se fait sentir, par cela même les atteint moins.

Il est d'autres avantages que présente la culture de la vigne à la charrue sur la culture ordinaire ; j'aurai l'occasion de les dire en temps plus opportun. Pour le moment, nous recherchons seulement les conditions générales qui nous paraissent de nature à assurer le mieux la prospérité de la vigne dans le présent et dans l'avenir. Dans cet ordre d'idées, il nous reste à faire ressortir la supériorité que nous semble avoir, sous certains rapports, la grande culture sur la petite culture.

Les petits particuliers qui ont des vignes, et le nombre en est immense dans notre région, outre les difficultés dont nous avons parlé, éprouvent par ailleurs de sérieux embarras, qui ne laissent pas que d'élever beaucoup le prix de revient de leurs produits.

Si, d'un côté, eu égard à la petite superficie que chacun d'eux possède, ils ont toute facilité d'amender ; d'autre part, ils ont à compter avec des frais très-onéreux de transport.

Tout le monde sait que la vigne est très-gourmande de bonne terre. Si l'on veut qu'elle rapporte, il faut la charger continuellement d'amendements. Ceux qui ne sont pas outillés ne peuvent le faire qu'en payant fort cher des voituriers à la journée. Notons que la plupart du temps il y a fort loin du lieu où se prennent les terreaux, aux vignes où on les dépose ; cela ne laisse pas que de surélever beaucoup la dépense. Là ne se bornent point les frais. Ces amendements doivent être portés à destination au pied des ceps, ce qui ne peut se faire qu'à la hotte et à dos d'hommes. Tout cela est nécessairement fort coûteux.

Viennent maintenant les vendanges, on n'a guère que quinze jours pour enlever la récolte. Dans les pays vignobles, malgré les contingents fournis par les communes voisines, la population fait relativement défaut pour cette tâche. La concurrence élève dès lors le salaire des vendangeurs à un prix excessif. Je dirai, en passant, que dans les pays où la vigne n'est l'objet que d'une culture restreinte, on réalise à ce chapitre une notable économie. Mais là encore, il n'y a qu'une demi-difficulté à vaincre. C'est surtout quand il s'agit de pressurer, opération qui ne peut pas souffrir de retard sans danger, que les petits particuliers, qui ne sont pas convenablement montés de cuve et de pressoir, en même temps qu'un surcroît de dépenses, ont souvent à subir des pertes réelles par suite de l'obligation où ils sont, de recourir aux pressoirs publics.

L'ensemble de ces conditions établit pour la petite culture une situation difficile. Pour que celle-ci retire ses frais, avec le haut prix qu'a atteint dans le pays le fonds même des vignes, il faut, en vérité, que le vin, comme denrée, jouisse sur le marché d'une faveur bien grande et que le sol, d'autre part, se prête admirablement à ce genre de production.

Cela confirme les opinions que nous avons émises. Mais si, dans les conditions défavorables où se trouve placée la petite culture, la vigne laisse encore des bénéfices, que sera-ce dans la grande culture, laquelle reste étrangère aux inconvénients que nous venons de signaler?

Ses principaux avantages peuvent se résumer, comme suit :

D'abord, on a sous la main un personnel de travailleurs qui permet de donner à la terre les façons en temps utile.

Ensuite, on donne ces façons économiquement par les moyens qui vous sont offerts d'employer la charrue.

Enfin, par suite de la proximité du vignoble de l'établissement principal et de l'existence d'un matériel complet en tombereaux, chevaux, etc., on possède toute facilité d'amender.

Je ne citerai que pour mémoire les services que l'on retire d'un outillage spécial, tels que cuves et pressoirs. et qui constitue l'accessoire obligé de toute grande ou moyenne exploitation. Le plus sérieux de tout est de pouvoir faire ses vendanges sans hâte, et comme le comportent les différences de maturité des cépages, sans que l'on soit préoccupé de la question de savoir si les pressoirs publics seront ou non disponibles. De là, dépend souvent la bonne conservation des vins.

Plusieurs de ces conditions peuvent paraître futiles. Toutes ont, selon moi, leur importance; et, par ce temps de cherté de la main-d'œuvre, elles seules me semblent même pouvoir garantir avec certitude, dans l'avenir, l'entière prospérité de la culture de la vigne.

Oui, c'est le règne de la culture à la charrue qui s'affirme; mais celle-ci doit chercher son terrain. Les vieux pays vignobles ne nous appartiennent plus. Le travailleur y possède la terre, et il en chasse la grande propriété, en ne lui laissant pas ses moyens habituels de culture. Que les propriétaires se réfugient donc dans les contrées vierges; qu'ils y implantent la culture de la vigne et ses procédés économiques. C'est le seul moyen pour eux de vivre et de faire vivre des populations qui, elles aussi, ont soif du bien-être qu'elles voient aujourd'hui répandu partout; car, ne l'oublions pas, la culture de la vigne, c'est la richesse pour tout le monde.

CHAPITRE V.

MON CLOS.

Jusqu'ici, j'ai parlé des principes et j'ai annoncé des résultats probables.

Maintenant, il faut que des faits viennent corroborer la théorie. Ces faits, je les puise dans une expérience personnelle. On me pardonnera de parler de ma propre culture et d'en faire ressortir les heureux fruits. Mais quelle créance obtiendrait mon système, si je ne le basais sur une pratique ayant un caractère de continuité qui la dégage de toute illusion possible ?

Celui qui parle des choses agricoles au point de vue théorique pur et qui s'appuie sur les expériences d'autrui, n'est pas toujours apte à juger sainement les procédés dont il se fait le démonstrateur. Il ne voit souvent que les résultats obtenus, sans se rendre parfaitement compte des circonstances exactes au milieu desquelles ils se sont produits. Il n'en est pas moins de très-bonne foi, mais la pratique seule pourrait lui apprendre à faire le bilan vrai d'une exploitation.

Que d'éléments de toute nature entrent dans les frais de production seuls !

Ce sont : les non-valeurs réelles ou relatives, les accidents généraux, les intempéries des saisons. Prenez une moyenne de douze années, et très-vraisemblablement, vous aurez l'occasion de voir défiler devant vous, durant cette période, ce cortége des nombreux mécomptes qu'on appelle : la pluie trop froide ; le soleil trop chaud ; la grêle ; la gelée ; la perte de votre meilleur cheval et tous les autres accidents qui assaillent chaque jour l'agriculture.

Il y a précisément bientôt douze ans, que j'ai commencé à planter la vigne. Je n'ai pas été exempt des accidents habituels. Somme toute, aujourd'hui, si j'aligne des chiffres ; si je fais la part exacte des dépenses et des recettes, je puis affirmer les résultats les plus satisfaisants. Mais procédons par ordre.

J'avais devant mon habitation un champ de 3 hectares, 70 ares, porté au cadastre pour 27 francs de revenu, et payant 9 francs d'impôt foncier. Ce champ pierreux, dénué de terre végétale, à sous-sol d'argile franche, ne donnait, ensemencé en blé, que de rares et maigres épis. En 1857, j'eus l'idée de le planter en vignes, dont la culture en grand n'existait pas alors dans ma commune.

L'exposition en plein midi, la nature générale de la terre, la faculté de faire l'emploi de bonnes terres provenant de déblais pour constructions, tout m'encourageait à tenter cette expérience. Mais la raison déterminante fut que mon exploitation de céréales me permettait d'appliquer le système tant préconisé déjà à cette époque de la culture des vignes à la charrue.

Assurément, je n'apportais pas à cette première plantation toute l'économie que j'ai réalisée depuis pour des clos postérieurs. Quand on crée pour la première fois, on met toujours un certain luxe, dont on se départit plus tard. Rigoles faites à la main, bourrées de menu bois, fumier, terre végétale, rien ne fut épargné. Je n'entrerai cependant pas dans le détail de cette plantation. Mon premier clos, en effet, a été créé dans des conditions spéciales. Destiné à servir de lieu habituel de promenade ; il a été quelque peu organisé en vue du plaisir des yeux, et il est loin de réaliser le système le plus économique. Ainsi, par exemple, il a été planté à deux rangs et à charniers, ce qui constitue une condition doublement coûteuse de main-d'œuvre et d'entretien, sans compensation appréciable de rendement.

Je me contenterai donc d'établir le bilan de cette première plantation, au seul point de vue des frais de création et du revenu réel.

Pour ce qui touche les frais de création, on peut les fixer en moyenne à 1,500 francs l'hectare dans les conditions coûteuses, que j'ai dites. C'est donc 4,500 francs pour le clos tout entier.

La vigne commence à donner une récolte normale à la cinquième feuille, c'est-à-dire quatre ans après sa plantation. J'ai planté en 1857 ; je n'ai donc eu véritablement une récolte qu'en 1862. Je viens de relever sur mes livres les récoltes des années 1862, 1863, 1864, 1865, 1866 ; je trouve un rendement moyen de 15 pièces de 250 litres chacune, soit 37 hectolitres et demi à l'hectare. Le prix de vente moyen, par pièce, a été de son côté de 55 francs, avec le fût, ou de 45 francs, le vin non logé.

L'hectare rapportant, d'après cela, 675 francs, valeur brute, le clos de 3 hectares a rapporté, année moyenne, depuis cinq ans, 2,025 francs également valeur brute (1).

Voyons maintenant les frais de culture.

La charrue laisse un travail assez considérable à faire

(1) Je ne puis faire entrer dans cette moyenne l'année 1867, dont les comptes ne sont pas liquidés ; mais je dois dire pourtant qu·

à bras d'hommes. Il consiste à donner encore trois façons de terre dans l'intervalle du double rang de ceps, et le long de ces mêmes rangs dans les deux bandes parallèles, qui n'ont pas été atteintes par le soc du versoir.

Ces façons, je les fais faire à la tâche ; et, depuis trois ans, je traite, chaque année avec les mêmes hommes au prix fixe de 120 francs pour le clos de 3 hectares, soit 40 francs par hectare.

Il reste maintenant le travail des chevaux à évaluer. J'ai pris la note exacte du nombre de *bordées* faites par mes laboureurs. Si l'on réduit à une seule charrue (j'en ai habituellement deux, pour plus de rapidité d'exécution) le relève sur mon carnet 44 bordées, soit 22 jours de travail.

Je crois qu'on peut estimer, sans se tromper de beaucoup, à 6 francs par jour, pour le propriétaire, la dépense d'un attelage de charrue et d'un garçon pour conduire.

A raison de ce prix, nous trouvons une somme de 132 francs à inscrire pour frais de labour.

Il s'agit à présent d'établir les frais de la taille, du ramassage de la vendange et de la fabrication du vin.

La taille est une opération délicate, qui demande à ne point être faite trop précipitamment, car d'elle dépend souvent l'état plus ou moins prospère de la récolte.

Pour la taille donc, dans les vignes comme les miennes, où cependant les doubles rangs sont régulièrement espacés de trois mètres, les frais ne doivent pas être portés à moins de 30 francs par hectare.

---

a dernière récolte n'étant que de 40 0/0 de celle de l'année d'avant, malgré une très-notable élévation des cours, ne donnera pas lieu, selon toute probabilité, au revenu moyen dans ce pays-ci.

Là encore, nous enregistrons une dépense totale de 90 francs pour le clos entier.

Enfin, restent les frais de vendanges et de fabrication du vin. C'est peut-être là la plus grosse dépense. Quand on n'est pas convenablement outillé, on l'évalue généralement à 5 francs par pièce. On peut presque maintenir le même prix pour intérêts des sommes dépensées, lorsqu'on possède un établissement viticole complet.

Mon clos a produit, en moyenne, 45 pièces de vin ; c'est donc 225 francs de dépense annuelle pour la vendange et la fabrication du vin.

Enfin, pour ne rien oublier, il faut ajouter encore divers frais : tels sont ceux pour arracher et mettre en place le charnier, pour poser les fourchines, pour raccoler, épamprer et rogner les ceps. Ces frais sont propres aux seules vignes à charniers. Nous verrons plus tard qu'on peut les éviter en partie dans un autre système de culture.

Quoi qu'il en soit, pour les trois hectares, toutes les opérations que je viens d'indiquer par leurs noms caractéristiques, d'après mes notes prises, donnent lieu à une dépense que je n'évalue pas à moins de 120 francs pour le clos, soit 40 francs par hectare.

En récapitulant les frais de diverses natures que nécessite la culture du clos, nous avons :

1° Pour les frais de la taille		90 fr.
2° — de marage.............		120
3° — de labours.............		132
4° Frais divers.		120
5° Frais de vendanges et de fabrication du vin		225
Total.................		687 fr.

La dépense totale, pour l'exploitation du clos de 3 hectares, est donc de 687 francs, soit environ 230 francs par hectare.

Je ferai remarquer de suite que certains articles du chapitre des dépenses, comme les frais de récolte et de fabrication de vin ont été évalués sur des bases très-larges. Ces sortes de frais sont, en effet, extrêmement variables selon les localités. Les frais de vendanges sont notamment, dans ma commune, de 50 0/0 moins élevés que dans le pays vignoble. Pour ceux de fabrication du vin, ils dépendent beaucoup de l'installation plus ou moins heureuse des cuves et pressoir, suivant que celle-ci réalise ou non des économies de main-d'œuvre. Mais j'ai tenu à prendre les prix acceptés de tout le monde, pour écarter de mon calcul tout reproche d'erreur.

En résumé, le revenu brut, d'après une moyenne des cinq dernières années, a été annuellement de 2,025 francs pour 3 hectares .... 2,025 fr.

Les frais d'exploitation se sont élevés, d'autre part à 687 francs 687

Différence .... 1,338 fr.

Reste net alors : 1,338 francs pour 3 hectares ou 446 francs par hectare.

Hâtons-nous de dire que pour assurer la continuité d'un pareil revenu, il faut faire des frais d'entretien considérables, que j'évaluerai, en moyenne, à une somme de 150 à 200 francs par année et par hectare, tant pour les dépenses d'amendements que pour celles relatives au renouvellement des échalas. Mettons 196 francs, et il nous reste, en chiffres ronds, un revenu annuel, que je puis dire assuré, pour un nombre d'années illimité, de 250 francs par hectare.

Voilà donc une pièce de terre de 3 hectares, dont le revenu a été plus que décuplé avec une avance de fonds première de 4,500 francs, et par le fait de la mise en pratique de ce principe que, sous le régime du libre échange, la meilleure culture est celle qui livre au sol la plante qui lui convient la mieux.

D'ailleurs, tous les faits précités sont incontestables. Ils se sont passés sous mes yeux et je les ai fidèlement transcrits, d'après des notes personnelles. On pourrait objecter que je ne les appuie que sur une moyenne de 5 années. Je répondrai qu'en effet, une expérience de 5 années ne suffit pas généralement pour établir une moyenne irrécusable, mais qu'en l'espèce elle doit parfaitement suffire, l'autorité qui lui manque, lui venant d'une entière conformité des faits énoncés avec ceux que pourraient certifier les viticulteurs des contrées voisines, où la culture de la vigne est déjà de date ancienne.

C'est même par un sentiment de bonne foi que j'ai cité mon clos de 3 hectares. Ce clos est ma création la plus ancienne. C'est donc celui dont les résultats me sont le plus connus. Cependant, le mode de plantation que j'y ai adopté est loin, comme je l'ai déjà dit, de présenter le plus d'avantages. J'ai essayé depuis plusieurs autres modes. Tous m'ont satisfait. Il en est un toutefois qui me paraît avoir la supériorité, et dont je parlerai plus tard. Dans mon désir de montrer au lecteur par une exhibition de chiffres, des résultats de nature à l'éblouir, j'aurais pu commencer par celui-là. Mais comme pour préconiser ce mode particulier de culture, je n'aurais pu invoquer que l'expérience de deux années, je me fusse exposé à ce que mon argumentation perdît, par cela même, de sa valeur.

J'ai usé d'ailleurs d'un procédé bien connu en géométrie. Si, en effet, j'ai réussi en me plaçant dans des conditions coûteuses, *a fortiori* réussirai-je là où j'emploierai des méthodes économiques.

En résumé, la culture de la vigne dans ma commune et dans le pays similaire, est une culture fructueuse ; mais par ce temps de cherté excessive de la main-d'œuvre elle promet de l'être d'autant plus qu'elle économisera plus le travail des bras pour lui substituer le travail de la charrue. C'est pour atteindre ce résultat que je prêche un système dont personnellement j'ai su apprécier les bons effets; je veux parler de l'alliance, dans de certaines limites, de la culture des céréales et de la culture de la vigne.

Celui qui voudrait faire emploi de la charrue pour cultiver ses vignes sans y joindre la culture usuelle, et qui, conséquemment, se verrait dans la nécessité d'acheter les denrées nécessaires à l'alimentation de son personnel d'exploitation et à l'entretien de son écurie, celui-là, dis-je, opérerait dans des conditions désavantageuses qui lui feraient perdre tout le bénéfice d'un système excellent en lui-même. Il faut nécessairement à toute closerie, où la vigne se cultive à la charrue, l'adjonction de terres propres à la culture céréale et à la production fourragère. Ayez des prés pour nourrir vos chevaux; faites du froment, non par industrie, mais pour la consommation de votre famille et de vos gens ; ayez des vaches à l'étable, des abeilles dans vos jardins, des poules dans votre poulailler, des porcs à l'engraissement; ensemencez vos champs d'avoine ; préparez des pacages pour votre bétail ; procurez-vous, en un mot, autant que possible, tout ce qui est nécessaire à votre maison, votre écurie et vos étables ; à ces conditions seules, vous cultiverez fructueusement la vigne à la charrue.

Mais là n'est pas seulement l'utilité des deux cultures simultanées.

Dans la plupart des fermes, l'hiver et durant toute la saison pluvieuse, les chevaux restent à l'écurie par suite de l'impossibilité de les faire travailler sur des terres détrempées par les eaux. C'est là une perte de force motrice sans autre compensation que celle résultant d'une diminution peu appréciable dans la ration en foin et en avoine. C'est une de ces non-valeurs forcées, qui atteignent, plus qu'on ne pense, le résultat final d'une exploitation. Eh bien ! si vous avez un clos de vigne à votre porte, vous trouverez toujours à employer vos gens et vos chevaux.

Dans la culture de la vigne, rien n'est sans importance ; et dans toutes les occasions comme dans tous les temps, l'industrie du vigneron trouve à s'exercer.

Les longues pluies d'hiver condamnent-elles les gens à demeurer au dedans ; la fabrication des fourchines (1) occupe tont le monde. La pluie vient-elle à cesser ? quelque soit l'état bourbeux des chemins, on défriche une haie ; on défonce un mamelon de terre inutile ; on va cherchant de côté et d'autre la bonne terre végétale dans tous les coins et recoins ; on apporte cet amendement sur la lisière du clos en souffrance ; et, quand arrive le beau temps ou quelques-unes de ces fortes gelées d'hiver, qui rendent la terre impénétrable au fer des instruments,

---

(1) Petits supports, en bois de diverses essences, fourchus à leur extrémité, et destinés à soutenir au-dessus du sol, dans les vignes à verges rampantes, les verges chargées de leurs fruits.

on transporte avec les tombereaux cet humus fertile au pied même des ceps et l'on rend ainsi au sol les éléments de récoltes emportés aux dernières vendanges.

Qu'on note bien ceci : fumer, amender, voilà le grand secret de la culture qui prospère et principalement de la culture de la vigne. La terre veut des |avances; elle en veut même beaucoup ; l'important c'est qu'elle soit en mesure de rembourser ce qu'on lui prête et de le rembourser avec un intérêt convenable. Quand les dépenses sont faites avec intelligence, c'est précisément ce qui a toujours lieu.

Il faut aller plus loin et dire : l'agriculture, étant assimilée à une industrie, doit, en ce qui concerne les avances qui lui sont faites, intéresser le capital, suivant la règle commune de l'industrie.

Quelle est cette règle ? C'est que, dans les conditions normales, l'intérêt des sommes engagées, justement à cause des chances diverses que l'opération peut courir, devra être supérieur au taux d'un simple prêt.

Je l'ai déjà dit, je ne crois pas que l'agriculture, appliquée à de certaines productions, soit toujours en état de confirmer ce principe, mais je garantis, qu'appliquée spécialement à la vigne, dans les pays où cette culture convient, elle le confirmera toujours.

Oui, les avances faites à la vigne, sous forme de fumiers ou d'amendements, pourront donner 10, 15, 20, 25 et jusqu'à 50 pour cent du capital engagé. Encore faut-il que ces avances soient faites avec économie et discernement. Dans mon opinion, la situation qui présente le plus de commodités pour donner à la vigne les amendements qu'elle réclame, est celle où se trouvent alliées les cultures céréale et fourragère et l'industrie vinicole. Ces deux cultures se complètent et se soulagent, s'il est permis de s'exprimer ainsi ; car, il faut bien le remarquer, quoique la vigne demande des soins presque continuels, et qu'il y ait, dans le fait, toujours à s'en occuper, si l'on veut, elle laisse néanmoins certains moments de libres pour des travaux étrangers. Ainsi, pour les façons de labour, comme pour le transport des terres, elle n'emploie pas sans relâche les chevaux, les charrues et les tombereaux. Tout le matériel roulant, dans les moments disponibles, peut donc servir à l'exploitation habituelle de la ferme, à la seule condition qu'on restreigne la culture céréale selon les exigences de la culture du vignoble attenant au domaine.

D'après tout ce qui précède, il semble résulter que plus on a de vignes, plus on s'enrichit ; conséquemment plus on devrait en avoir. C'est précisément là une erreur que le défaut d'expérience fait naître chez beaucoup de gens.

Non, il n'est pas vrai que plus on a de vignes et plus on s'enrichit. Vouloir trop étendre un principe, bon en lui-même, c'est aller au-devant de difficultés insurmontables, et s'exposer à dépasser le but.

J'écris pour le propriétaire et le fermier, et je raisonne en me plaçant au point de vue de leur situation la plus commune.

Il faut admettre d'abord en principe qu'il ne fait pas bon donner à la culture, en général, plus d'extension que ne le comportent la richesse des lieux et l'usage même du pays qu'on habite.

Or, dans ce pays-ci, quelle est l'importance des exploitations privées ou des fermes ?

Si l'on considère la superficie en hectares des domaines, cette importance paraît considérable, mais elle n'est qu'apparente, vu le peu de valeur réelle du sol. Les superficies varient entre 30, 40, 50, 60, 70 et même 100 hectares.

Si l'on envisage maintenant les forces d'action, bêtes et gens, on est tout étonné de trouver celles-ci en défaut d'harmonie avec l'étendue des terres.

Les écuries contiennent généralement deux chevaux, quelquefois trois, rarement quatre. Ajoutez-y une ou deux paires de bœufs de travail, et vous aurez une idée de ce que doit être l'exploitation de ces vastes domaines. Nous reviendrons sur ce sujet. Disons, dès à présent, que si les forces vives font défaut à nos fermes, il y a malheureusement pour cela une raison sans réplique, c'est que les terres ne sauraient nourrir plus de monde et plus de bêtes de trait.

Quoi qu'il en soit, constatons cette situation, et acceptons-la comme base de notre argumentation, pour arriver à prouver que, dans un domaine, on ne saurait étendre indéfiniment la culture de la vigne.

Par les soins qu'elle exige, par l'obligation qu'elle impose de recharger sans cesse de terres nouvelles le sol où elle est plantée, la vigne condamne, en effet, ceux qui veulent lui donner leurs soins à ne la cultiver que dans des limites restreintes là où on ne dispose que de forces restreintes.

Dans le pays qui nous occupe, ces forces pourraient-elles être augmentées ? Je n'oserai affirmer que c'est impossible, au moyen de grands sacrifices ; je répéterai seulement que la tâche me paraîtrait périlleuse, à cause de la rareté des bras et de la stérilité générale du sol, et qu'elle me semble d'ailleurs peu dans les habitudes du propriétaire, qui, dégageant de la culture toute pensée d'entreprise, n'y cherche le plus souvent qu'une occupation agréable, en même temps qu'un revenu légitime.

Certaines personnes peuvent croire qu'en présence d'un terrain propice, il y aura plus d'avantages à cultiver une grande étendue de vignes, dût-on négliger d'amender le fonds, qu'à restreindre sa culture à quelques hectares auxquels on donne tous ses soins.

Cela pourrait être vrai pour certains terrains privilégiés, qui possèdent à la fois un grand fond d'humus superficiel et un sous-sol favorable. Ces terrains-là, en effet, sans le secours des engrais et amendements, peuvent suffire pendant de longues années à donner aux ceps les éléments constitutifs des récoltes, en même temps qu'ils fournissent aux besoins de la végétation normale ; mais ils sont rares et ne se rencontrent guère que dans les pays où la vigne se cultive en plaine.

Dans ma contrée, qui comprend tout le territoire extrême de la Touraine, touchant d'un côté au département de Loir-et-Cher, et de l'autre au département de l'Indre, nous ne cultivons généralement la vigne que sur des pentes où le sol est de lui-même si peu fertile, que si l'on ne prenait soin de le recharger continuellement, on n'obtiendrait qu'une récolte insuffisante, même pour payer les frais, étant admis encore que la plante n'y périt pas après quelques années.

Ainsi, la vigne négligée n'a rien qui se recommande particulièrement à l'attention du cultivateur. Au contraire, prenez en soin, n'épargnez ni les engrais ni les amendements, elle donnera des résultats magnifiques. L'expérience, au reste, a depuis longtemps prouvé que ce n'est pas la superficie, qui fait les belles récoltes, c'est bien plutôt le travail soutenu, une taille éclairée et des frais intelligents.

Avec les faibles ressources dont on dispose dans le pays, en hommes, bêtes de trait et matériel de toute nature, 10 à 12 hectares me paraissent être, en général, la limite extrême assignée à l'activité d'une exploitation moyenne.

Je dirai, en temps et lieu, dans quelles proportions j'entends d'ailleurs l'alliance de la culture de la vigne et de la culture céréale.

Maintenant, notre attention ne doit pas être détournée de la situation singulière où nous sommes placés. Bien qu'en concentrant nos efforts et nos forces sur quelques arpents seulement la vigne réussisse à nous laisser de magnifiques revenus, que nous n'aurions pas plus beaux si nous disséminions notre travail sur une superficie plus grande, il n'en est pas moins vrai que nous sommes obligés de restreindre notre production vinicole, et que celles de nos terres où la vigne ne pénètre pas, semblent vouées pour longtemps à leur stérilité native ; il n'en est pas moins vrai encore qu'elles sont comme ces métaux précieux qui demeurent sans valeur tant qu'ils sont enfouis dans le sol, et qui ne prennent leur place parmi les objets de prix, que du jour où ils sont jetés dans la circulation. Il nous faut donc subir là comme une sorte de supplice de Tantale, qui nous condamne à voir improductif ce qui pourrait être fertile. Mais un jour viendra, nous l'espérons, où le progrès qui jette aujourd'hui ses premiers jalons aura totalement changé, dans notre contrée, les conditions de la production et fait disparaître l'obstacle qui nous arrête. Semblable au levier, dont la puissance augmente à mesure que la pression s'éloigne du point d'appui, le progrès, en effet, dans sa marche graduelle, développe des forces qui engendrent constamment elles-mêmes des forces nouvelles.

Ainsi, la vigne, par exemple, cultivée d'abord sur une petite échelle en un lieu, y jette un premier germe de

richesse, qui sert de point de départ à d'autres plantations. Peu à peu, son cercle s'agrandit; en raison des
bienfaits mêmes de la culture, les travailleurs affluent,
et la richesse créée, enfantant de plus en plus la richesse nouvelle, de vastes et riches vignobles finissent
par s'établir là où il n'y avait jadis que friches, déserts
ou terres arides.

Ainsi se sont formés la plupart des pays vignobles;
ainsi se condensent tous les jours les populations, autour
des grands centres de production. Je pourrais citer, entre
autres, certaines contrées du Midi, autrefois pauvres et
mal cultivées, aujourd'hui riches et peuplées.

Nul doute que, dans sa transformation, ce pays-ci ne
suive la même marche progressive. Mais c'est affaire de
l'avenir, et nous ne devons nous occuper que du présent.

Cette situation du présent est nettement caractérisée.
Nous avons des terres maigres qui pourraient se prêter
à une culture fructueuse, celle de la vigne; mais, pour
appliquer cette culture partout où le sol le permettrait,
les moyens d'exécution manquent. Force est donc, à
chaque propriétaire, isolément, de la restreindre à quelques hectares seulement. Constatons d'ailleurs que,
même renfermée dans ces faibles limites, la culture de la
vigne donne de fort beaux bénéfices, qui élèvent considérablement le revenu moyen des terres dont peut se composer un domaine.

Dans ces conditions, je me suis fait le raisonnement
suivant. La vigne prospère admirablement dans cette
contrée. Chaque année, elle donne des produits splen-
dides. La moitié même de ces produits nous dédommage-
rait, nous, propriétaires, des frais de première transformation, et nous laisserait encore un revenu double du

revenu actuel. Pourquoi n'abandonnerions-nous pas alors l'autre moitié au travailleur, qui s'épuise aujourd'hui sur un sol ingrat, et qui trouverait dans cette combinaison une large et juste rémunération de son travail. Des deux parts, le bénéfice ne serait-il pas assuré?

Pour répondre, il faut examiner, au préalable, si la répartition de la richesse produite, telle que je viens de la formuler, est aussi équitable qu'elle a la prétention de l'être.

Reconnaissons qu'elle tournerait certainement contre le travailleur, si l'on disait purement et simplement à celui-ci : « Voici 2, 3, 4, 10 hectares de vignes, façonnez-les ; moi, propriétaire, je vous les abandonne, sans plus m'en occuper, et nous partagerons les récoltes. »

Ce règlement, qui, paraît-il, a longtemps été adopté en Bourgogne, ne l'est plus aujourd'hui ; les vignerons le repoussent, et je ne m'en étonne point. Voici pourquoi : une vigne qu'on négligerait d'amender fréquemment, n'étant pas toujours en mesure de payer ses façons, le marché qui, en payement de celles-ci, assignerait la moitié des produits au vigneron, rendrait ce dernier souvent dupe, tandis qu'il favoriserait le propriétaire, assuré, lui, de trouver toujours un revenu certain dans la part qui lui échoit. C'est bien pourquoi le partage des fruits ne sera véritablement équitable qu'à la condition de mettre en même temps le vigneron en position d'entretenir convenablement l'état de fertilité des vignes. Mais encore faut-il que cette charge d'améliorer le sol soit également supportée par les parties, puisqu'elles profitent par moitié toutes deux de l'excédant des récoltes qui doit en résulter. Eh bien, justement, cela n'est vraiment praticable que lorsque le vigneron, qui cultive à moitié, a le caractère du colon partiaire, tel que nous le voyons attaché aux domaines du pays. Il faut qu'il occupe une terre de quelque étendue, qu'il soit convenablement outillé pour les charrois ; qu'il trouve en un mot sur la propriété tous les terreaux, amendements, engrais nécessaires au bon entretien des vignes, avec toutes les facilités de les employer.

Par cet arrangement, les charges me semblent très-rationnellement réparties. Le vigneron et sa famille donnent leur industrie, leur travail et leurs soins de tous les instants ; le propriétaire, lui, abandonne son domaine, ses bâtiments d'exploitation, et fait en outre au colon certains avantages, que nous détaillerons plus tard.

Au total, pour arriver au partage des fruits, chacun apporte son capital propre, d'où naîtra la production ; le maître, le capital foncier, qui, dans l'espèce, est là comme l'usine et la matière première ; le colon, d'une part, sa science de la culture et sa direction, qui constituent un capital intellectuel ; de l'autre, son travail, capital abstrait, mais réel, puisqu'il a une représentation en argent, qui s'élève chaque jour davantage.

Tel est, dans sa teneur générale, mon projet de ferme viticole.

Comme tendance, je crois qu'il devrait avoir tous les suffrages, puisqu'il établit une juste répartition des frais de la production et de la richesse créée.

Comme système, il a besoin d'être étudié. En principe, il pourrait cependant heurter quelques opinions préconçues, car beaucoup de personnes condamnent le colonage partiaire. Elles peuvent ne point avoir tort, en thèse générale. Pour moi je crois qu'il y a à distinguer, et je vais m'efforcer de montrer la différence qui sépare la culture habituelle de nos domaines du régime mixte, auquel je voudrais les soumettre.

D'où vient que le colonage partiaire est généralement

6

proscrit aujourd'hui ? C'est qu'il porte en soi un vice radical, dont l'effet est de détruire chez le colon tout esprit d'initiative.

Cela ressort clairement de la loi du partage, qui fait participer le propriétaire à des améliorations auxquelles il est resté souvent étranger.

Un homme occupe un domaine, un travail utile se présente ; si le profit doit lui appartenir en entier, point de doute, sa peine sera récompensée, il se met à l'œuvre. C'est le cas du fermier ordinaire.

Changeons les données. Le même travail est à faire, mais la loi du partage existe. L'homme va prendre toute la peine, faire tous les frais, et il ne lui reviendra qu'une part des bénéfices ; souvent même, cette part ne le dédommagera pas du temps qu'il aura passé. Alors, il s'abstient ; qui oserait le blâmer ? Personne.

J'ai pris un cas particulier ; voici un cas général.

Ainsi que nous l'avons établi au chapitre *de l'agriculture*, le plus ordinairement les sacrifices qu'on fait pour la culture ne portent leurs fruits que dans l'avenir.

Oui, le fermier qui achète des engrais, améliore ses terres, augmente son bétail, attend de ses opérations un double résultat. D'abord, il compte sur un profit immédiat, qui n'est pas toujours assuré ; ensuite, il a l'espoir, s'il a fait un long bail, de mettre son domaine en état de produire assez un jour pour le rembourser de ses avances et lui laisser encore un bénéfice.

Ce calcul n'a, du reste, rien que de raisonnable, bien qu'il amène souvent des déceptions. Le fermier a, en effet, les récoltes entières ; il a donc intérêt à préparer de longue main la fertilité des terres. Toutes ses opérations portent et peuvent atteindre en définitive leur double but.

Le colon partiaire se trouve dans une situation bien différente:

S'il cultive avec les seules ressources de sa ferme et qu'il réussisse, non-seulement il n'a qu'une part de récoltes qu'il a seul augmentées par son travail et son intelligence, mais encore, à sa sortie, il ne profite en rien de la plus value qu'il a donnée à la terre.

Si maintenant, nous supposons que, de communauté avec le propriétaire, il achète des engrais pour développer la production, il faut distinguer. S'agit-il d'opérations isolées, ayant pour but d'accroître la fumure dans une certaine proportion sur telles et telles pièces déterminées; alors il pourra avoir un bénéfice en rapport avec sa part contributive des charges; s'agit-il, au contraire, d'une opération en grand; les achats d'engrais, par exemple, sont-ils faits en vue de faire entrer la culture du domaine dans une voie de progrès, de produire des fourrages, d'étendre l'élève du bétail, etc., etc., dans ce cas, le colon partiaire ne participera qu'aux bénéfices acquis pendant la durée de son bail; mais là n'est pas tout le profit qu'il serait en droit d'attendre de ses avances et de ses peines; car l'accroissement de la couche d'humus, qui résulte d'une longue et bonne culture, est pour les terres d'un domaine une cause de fertilité qui ne laisse pas que d'avoir une grande influence sur la nouvelle valeur de celui-ci. Cette plus-value est la représentation d'une partie des capitaux employés à la culture et, comme on le voit, elle constitue un pur gain pour le propriétaire et une perte sèche pour le colon qui y a consacré son travail et son argent. Il est donc vrai de dire que le colonage partiaire est un régime destructif de toute initiative dans la voie du progrès de la culture.

On fera remarquer, il est vrai, que le fermier ordinaire, dont le bail est fini ne profite pas davantage de l'amélioration du sol, qui a pu résulter de l'exploitation du domaine qu'il quitte. D'abord il faut convenir que les inconvénients signalés plus haut se trouvent très-atténués par ce fait que le fermier prend la totalité des récoltes; ensuite il faut dire qu'il a une bien plus grande liberté d'action dans la direction de ses travaux agricoles, comme dans le choix de ses cultures, de telle sorte que s'il a fait des dépenses d'engrais ou tous autres frais de nature à féconder les terres, il lui est loisible, tout en restant dans les limites des prescriptions de son bail, de disposer ses assolements de manière à en retirer le plus grand effet possible. L'existence de certaines plantes, qui absorbent plus particulièrement les principes fertilisants du sol, laisse même au fermier des facilités dont parfois il abuse.

Le colon partiaire, lui, est beaucoup plus circonscrit dans ses pouvoirs. Cultivant en vue d'un partage des fruits, il doit nécessairement se conformer au désir du maître pour déterminer leur nature. D'ordinaire, la culture du blé, et celle de l'avoine, auxquelles vient s'adjoindre l'élève du bétail, forment la base de ses opérations. C'est du reste, l'usage des lieux qui règle cette matière.

Nous venons de caractériser le fermage proprement dit et le colonage partiaire. Mon dessein est de montrer maintenant que les inconvénients dont le colonage, dans la culture usuelle, est presque toujours accompagné, ne sauraient atteindre le colonage viticole, en général.

En effet, la vigne est une de ces plantes, essentiellement absorbantes, dont je parlais tout-à-l'heure. Le docteur Guyot, dans son traité de la viticulture, estime que sur un hectare contenant dix mille ceps, il faut, après la huitième année, deux kilogrammes de fumier de ferme, par pied et par an, pour entretenir la fertilité. D'après le même auteur, pendant les huit premières années, vingt-cinq mille kilogrammes de même engrais au lieu de vingt mille doivent être fournis annuellement à chaque hectare, si l'on veut assurer à la vigne un fond convenable d'humus.

En Touraine, nous n'avons malheureusement pas la possibilité d'employer une aussi grande quantité de fumier; nos ressources s'y opposent. Dans la plupart des grandes closeries, on se contente d'amender les vignes, soit avec des terreaux seuls, soit avec des composts, où entrent des marnes, de la terre végétale et différents produits végétaux, qu'on laisse se décomposer des mois entiers dans les cours ou dans les chemins.

Les exploitations importantes rencontrent, il faut l'avouer, de grandes commodités à adopter ce genre de fumure qui ne laisse pas, d'ailleurs, que de donner de beaux résultats, mais on comprend que plus les amendements sont pauvres en principes fertilisants, plus il y a lieu de les renouveler souvent. Mon expérience personnelle m'a depuis longtemps appris qu'une vigne, nouvellement rechargée de terre, ne devait s'en ressentir qu'un temps relativement assez court. Pendant quelques années, elle produira abondamment, puis tout-à-coup sa production tombera de manière à couvrir à peine les frais.

Cela est particulièrement vrai des vignes, qui occupent des terrains sans profondeur végétale.

Ainsi, il y a une différence bien tranchée entre la culture usuelle et la culture de la vigne. La culture usuelle, soumise à un régime intelligent, comprenant un certain nombre d'opérations combinées, qui reviennent dans un ordre régulier, a pour effet d'améliorer le sol.

Cette amélioration, le propriétaire en profite de deux manières, par l'accroissement des produits et par la plus-value qu'y trouvent les terres. Le colon, par contre, ne bénéficie du développement de la production — si développement il y a — que pendant la durée de son bail. — Pour le colonage viticole, les effets ne sont plus les mêmes. — La vigne absorbe en peu de temps les ressources végétales, qu'on lui procure sous forme d'amendements; elle ne fait dès lors que peu de réserves des principes susceptibles d'améliorer le fonds. Dans ces conditions, le colon qui, dans le domaine où il est installé, fait de la culture de la vigne sa culture principale, n'a pas à craindre de voir une partie de son travail tourner au profit du propriétaire seul. S'il terrasse, s'il amende, c'est aussi bien dans son intérêt que dans celui de son maître, puisqu'il est appelé au partage des fruits, et que d'un autre côté, il est bien établi que la fumure appliquée à la vigne produit des effets immédiats, sans laisser, après elle, des traces profondes de fertilité.

Néanmoins, on ne saurait nier qu'une bonne culture prolongée, que des amendements souvent répétés ne finissent par constituer aux vignes, dans une certaine mesure, un fond de richesse, qui augmente leur valeur. Mais, entre le colonage usuel et le colonage viticole, tel que je l'établis, il y aura toujours cette différence, que l'amélioration du sol dans le premier cas aura souvent été le résultat d'achats d'engrais, dont le colon aura payé sa part, tandis que dans le second, elle n'aura été absolument que la conséquence des emprunts de toutes natures faits au domaine même duquel dépend le vignoble bonifié.

Au surplus, ce fait n'en existe pas moins que les

amendements mis dans la vigne, produisent leur principal effet dans les quelques années, qui suivent.

Cela seul suffit, dans le système que nous étudions, à sauvegarder les intérêts du colon-vigneron, qui quitte le domaine.

Je me suis efforcé, en séparant les rôles, de détruire les préventions de ceux qui condamnent en principe le colonage partiaire et qui, au simple énoncé du titre de mon ouvrage, auraient pu rejeter l'idée-mère du projet.

Ce serait sans doute le moment d'entrer dans le détail de la constitution même de la ferme viticole, telle que je la comprends. Je retarderai pourtant encore.

Je crois utile, au préalable, de rechercher quel doit être l'avenir de la production du vin, comme de la consommation publique, en ce qui touche cette denrée. On comprend que l'écoulement et le prix des denrées doit être une des principales bases d'appréciation pour juger un système dont le but est de donner de l'extension à une culture et par suite d'augmenter la production. Nous trouverons là, d'ailleurs, l'occasion d'examiner une question qui occupe particulièrement les esprits en ce moment ; je veux parler de l'impôt sur les vins en France, et notamment de celui qui frappe cette denrée à son entrée dans la ville de Paris.

CHAPITRE VI.

LE VIN ET LA CONSOMMATION.

---

§ I. UTILITÉ HYGIÉNIQUE DU VIN.

Il n'y a pas, à proprement parler, de denrée essentielle ; je veux dire qu'il n'en est point, dont l'exclusion devrait mettre l'homme dans l'impossibilité de vivre. Le froment lui-même dont l'usage est universel, ne constitue pas une alimentation absolument nécessaire. Il n'a sur les autres denrées que l'avantage d'une composition chimique mieux appropriée aux besoins de l'économie générale du corps. La nature a voulu, en effet, que dans le froment se trouvassent réunis sous un petit volume les éléments principaux, dont sont faits le sang, les muscles et les os. C'est là le caractère propre, qui le recommande comme base de la nourriture usuelle.

Eh bien, le vin se distingue par une supériorité analogue d'entre toutes les liqueurs fermentées. Il est la boisson par excellence, à la fois la plus fortifiante et la plus agréable.

Essayez par exemple de comparer le vin à la bière.

La bière, comme boisson habituelle, donne, la plupart du temps, une graisse malsaine. Si elle rafraîchit et sou-

tient, si, comme réactif favorable à la digestion, elle fait
éprouver même une sensation de bien-être relatif, on ne
peut pas dire qu'elle rende aux muscles la souplesse et
la vigueur. Au contraire, par l'exhudation qui accom-
pagne son absorption, elle produirait plutôt l'énervement
et la mollesse. La bière a aussi son ivresse, mais ce n'est
pas cette excitation, par surprise, qui donne l'essor aux
sentiments contenus et qui, dans de saines limites, peut
avoir sa poésie; non, ce n'est que l'hébêtement du cerveau par l'acide carbonique, sans même la banale excuse
de la sensualité satisfaite.

Voyez, à côté de cela, les effets généreux du vin.

Le vin donne la force au corps affaibli par la maladie
ou par le travail. Quand il n'est pas pris avec excès, il
apporte une chaleur salutaire à l'organisme, une certaine joie au cœur et comme une réaction heureuse dans
les idées.

Ce dernier effet peut ne point apparaître aussi clairement que les deux autres.

Rien n'est pourtant moins contestable que l'influence
bienfaisante du vin sur la couleur des sensations. Le physique et le moral se touchent, en effet, par un lien étroit.
Toute réaction soudaine chez l'un entraîne nécessairement une réaction correspondante chez l'autre. C'est
ainsi que le convalescent voit ses impressions se modifier
en même temps que s'affermit sa santé. La goutte de vin
qui descend dans son organisme affaibli y détermine
d'abord une sensation toute physique, qui, en remontant
au cerveau, ne tarde pas à produire dans les idées mô-
mes une diversion favorable. J'ai pris ce cas, parce que
les effets y paraissent plus sensibles. Mais, chez les personnes valides elles-mêmes, le vin porte les individus à
mieux affirmer leur nature. Il sollicite à la saillie, a l'en-

thousiasme, à l'expansion, selon les tendances particulières de l'esprit de chacun.

C'est peut-être à l'heureux privilége que possède notre sol de produire des vins de premier ordre, qu'il faut faire remonter l'une des origines de notre génie national. Le Français gai, railleur, spirituel, frondeur sans méchanceté, courageux par instinct, léger par habitude, ne doit sans doute son caractère qu'à la vertu propre des terroirs où ont posé ses ancêtres.

Comment s'est opérée cette transmission, c'est ce qu'il nous semble facile d'établir.

Nous avons constaté les effets généreux du vin; mais des impressions passagères ne suffisent pas à constituer un fond de nature, qui puisse se perpétuer par l'hérédité. Non; des impressions n'arrivent à s'imposer et à former véritablement ce qu'on appelle le caractère que lorsqu'elles sont sujettes à se manifester souvent. Or, précisément cette manifestation des tendances personnelles est provoquée, avons-nous dit, par l'usage même du vin. Donc, le vin affermit les instincts acquis, et développe continuellement des instincts du même genre. Donc, enfin, les vins français en inclinant nos pères constamment vers le même état, ont bien pu déterminer chez eux un ensemble de penchants que les générations anciennes ont légués aux générations nouvelles, et qui constitue aujourd'hui notre génie national.

Quelques contradicteurs que puisse rencontrer cette thèse, nul ne contestera que l'existence du vin ne soit un grand bien. Si malheureusement, comme de toutes les bonnes choses, il n'en était pas fait souvent un abus regrettable, le vin serait un agent civilisateur et un auxiliaire actif du progrès; j'ai dit un agent civilisateur, car il porte en lui le germe des idées hardies et fécondes; j'ai ajouté un auxiliaire du progrès, parce qu'en même temps qu'il stimule le travail de l'esprit, il répare les forces et entretient la vigueur des muscles, et que, si son usage devenait plus général, il contribuerait, j'en ai la conviction, à accroître les forces vives de la nation.

Ces affirmations peuvent paraître exagérées aux personnes qui, appartenant à la classe aisée et ne sortant point d'un certain cercle, sont mal placées pour observer les effets dont je parle; il leur faudrait venir dans nos campagnes; il leur faudrait voir ces organisations appauvries par le travail, la mauvaise nourriture et de fades boissons. Elles jugeraient bien vite alors des services que le vin rend à l'homme. Rien qu'un peu de vin grossier ranime ces malheureuses gens, et les propriétaires, qui emploient des journaliers, savent bien faire la différence du travail de ceux qui boivent du vin, d'avec la besogne des pauvres diables qui n'absorbent qu'une piquette sans vertu.

Oui, l'usage du vin seul donne la virilité, et il est utile non seulement pour raffermir les forces présentes, mais aussi pour assurer de bonnes conditions à la reproduction de la race.

Les générations affaiblies n'engendrent que des générations plus faibles encore. Si vous voulez refaire une population vigoureuse; si vous voulez laisser au pays une mâle descendance, il faut commencer par fortifier la source elle-même et, pour cela, généraliser le bien-être.

Par ces raisons, on ne saurait trop étendre la consommation du vin. Bien plus, j'estime que du jour où le vin sera devenu une denrée commune, l'ivrognerie sera moins répandue.

Ce qui d'ordinaire amène les excès, c'est la privation. Supprimez la cause, l'effet disparaîtra. C'est ainsi que dans les classes aisées, l'ivrognerie est chose rare. Sans doute l'éducation n'est pas étrangère à ce fait, mais ce qui y contribue certainement aussi, c'est notre disposition naturelle à ne point abuser des choses dont nous avons la libre disposition. Ajoutez que, pour ce qui regarde le vin, l'usage habituel affermit le cerveau contre les excitations des fumées qu'il dégage.

Considérée à ce point de vue, une large consommation répandue à tous les degrés, serait, jusqu'à un certain point, moralisatrice. Elle détruirait dans des limites appréciables un vice dégradant, qui est pour beaucoup une cause d'abrutissement et de misère, et elle doterait, par contre, le pays de forces nouvelles, dont l'agriculture et l'industrie retireraient un bien immense.

Au surplus, le vœu que je formule répond à une tendance très manifeste de l'époque actuelle. Dans ces derniers temps, l'usage du vin s'est très-étendu. Bien qu'en progrès marqué, la consommation n'est cependant pas encore ce qu'elle devrait être et ce qu'elle sera forcément un jour.

§ II. — LA CONSOMMATION.

Il y a un demi-siècle encore, les masses, sauf dans les grands centres, ne consommaient guère de vin qu'aux lieux de production. Aussi, les habitants des pays vignobles avaient-ils et ont-ils même de nos jours sur ceux des autres pays une supériorité marquée, sinon toujours par la taille qui, elle, peut varier d'après les différences de races, du moins par la force musculaire et par la vigueur générale de la santé. Il faut dire que la circulation des vins en France et leur exportation à l'étranger trouvaient autrefois une barrière infranchissable dans l'absence de toutes voies de communications. L'enlèvement de la généralité des vins ne pouvait guère se faire alors, pour les grands trajets, que par la navigation. Outre que le vin est une matière encombrante c'est de plus une denrée qui demande à ne point supporter les fatigues d'un voyage toujours plein de secousses. Le transport par rouliers, quand il doit avoir une durée quelque peu longue, apporte souvent une décomposition hâtive aux vins d'une qualité inférieure et peu chargés d'alcool. Ces difficultés matérielles ne pouvaient que limiter la culture de la vigne dans l'ancienne France. La création de l'outillage merveilleux que s'est donné le monde, depuis un demi-siècle surtout, a imprimé un élan considérable aux plantations de vignes. C'est que, d'une part, tandis que des moyens nouveaux de transport allaient faire pénétrer l'usage du vin jusqu'à des contrées qui l'ignoraient presque, d'autre part, le progrès matériel, dans notre pays même, en répandant l'aisance dans les masses, étendait la consommation à des classes que la pauvreté jadis en tenait éloignées. Ainsi nos riches voisins du nord de l'Europe recherchent aujourd'hui les bons crus de la France ; ainsi, les habitants des campagnes commencent, pour leurs plus rudes travaux, à rejeter l'antique boisson de marc et à chercher dans le vin la réparation des forces perdues. C'est bien pourquoi, malgré le très-fort accroissement de la production, le prix du vin n'a point baissé. Au contraire il a suivi une marche légèrement progressive d'abord, puis très-accentuée dans les dernières années.

Pour la France entière, voici, du reste, les prix de vente au détail par hectolitre :

7

Années.		Prix.		Moyennes.
1806 à 1808.....................	26 fr.	50		
1809 à 1815.....................	35	54		
1816 à 1819.....................	40	64		35 fr. 60.
1820 à 1825.....................	37	38		
1826 à 1831.....................	34	85		
1832 à 1836.....................	34	86		
1837 à 1842.....................	33	56		35 fr. 72.
1843 à 1847.....................	39	61		
1848 à 1851.....................	27	81		
1852 à 1854.,...................	40	35		
1855 à 1857.....................	62	70		49 fr. 54.
1858 à 1861.....................	51	46		

Les moyennes que nous venons de relever constatent un
progrès réel dans les prix de vente du vin. Deux choses
pourtant doivent être considérées : la première, c'est que
durant la période à laquelle nous avons emprunté les
chiffres ci-dessus, l'argent a subi une dépréciation dont
il convient de tenir compte ; la seconde, c'est que cette
même période comprend une série de plusieurs années,
où l'oïdium a causé en France un immense préjudice à
la production viticole et, par conséquent, déterminé un
renchérissement notable des produits. Mais, sans rechercher quelle part exacte il faut faire à ces événements, on
peut, je crois, poser en fait que, malgré l'extension donnée depuis vingt ans surtout à la culture de la vigne, le
vin, comme denrée, est resté en faveur sur le marché et
maintient convenablement ses prix.

Le tableau de tout à l'heure a pu nous éclairer sur la
tenue des cours en France ; nous allons maintenant donner le tableau de l'exportation sous le second empire, ce
qui nous montrera le développement de la consommation

à l'étranger. Je ferai d'ailleurs remarquer que nous retrou-
verons encore ici cette période décennale, où la maladie
de la vigne a fait de si terribles ravages. Voici le relevé
des hectolitres exportés de 1851 à 1866 :

ANNÉES.	HECTOLITRES.
1851	2,252 100
1852	2,430 000
1853	1,980 000
1854	1,352 000
1855	1,206 000
1856	1,259 000
1857	1,108 000
1858	1,588 000
1859	2,464 000
1860	1,969 000
1861	1,789 000
1862	1,818 000
1863	1,990 000
1864	2,236 000
1865	2,768 000
1866	3,179 000

Si nous faisons abstraction des quelques années où la
production, par suite d'une circonstance accidentelle, a
cessé d'atteindre son chiffre normal et où, conséquemment, l'exportation a dû se ressentir à la fois de la rareté
des produits et de l'élévation des cours ; si nous considérons seulement les chiffres des années extrêmes, nous
constaterons un mouvement progressif très-caractérisé
durant les quatre dernières années 1863 ,1864, 1865 et
1866, dont les récoltes se sont trouvées hors des atteintes de l'oïdium.

Qu'en conclure, si ce n'est que la consommation est en voie de progrès incontestable ? En France, parmi les pays qui autrefois ne faisaient qu'un très-faible usage du vin, et qui commencent à devenir consommateurs, nous citei- la Bretagne, la Normandie, l'Artois, la Picardie et une partie de la Lorraine et de l'Alsace. A l'extérieur, l'Angleterre, l'Allemagne, la Russie et les deux Amériques nous disputent nos grands crus si enviés de Bordeaux, de Bourgogne et de Champagne. Remarquons que cela intéresse indirectement la production des vignobles d'un ordre inférieur, attendu que les vins de qualité commune sont employés souvent dans les mélanges et servent ensuite, au profit des consommateurs du pays, à combler les vides faits par l'exportation.

Malgré ce premier résultat acquis, je le répéterai, l'usage du vin n'est pas encore ce qu'il devrait et pourrait être. Il n'a guère atteint son niveau véritable que dans les pays qui le produisent directement. Les grands et petits propriétaires qui retirent de magnifiques revenus de leurs vignobles, ne regardent point à abandonner quelques pièces de vin à la consommation particulière de leurs maisons. Ils y gagnent, du reste, plus de vigueur chez les gens qu'ils emploient.

Ces concessions, qui, dans l'origine, n'étaient que le fait de la générosité de certains maîtres, ont pris aujourd'hui un caractère de généralité, et consacré des exigences auxquelles nul ne saurait se soustraire. Cet état de choses, quelque raisonnable en soi que puisse être son principe, ne laisse pas que d'être très-onéreux pour les propriétaires des contrées qui ont peu ou point de vignes. Il n'y aura véritablement lieu de s'en applaudir que le jour où la culture donnera des bénéfices suffisants pour

couvrir cet excédant de charges. Dans la voie où celle-ci
est engagée, combien peu y arriveront!

Un fait certain, c'est que dès à présent, nombre de domestiques mettent comme condition à leur entrée en service qu'on leur délivrera une certaine quantité de vin
dont ils déterminent eux-mêmes la mesure. Qu'on veuille
faire ou non de la culture de la vigne la culture principale, il est donc toujours sage de se préparer dans
toute exploitation, autant que le comporte la nature des
lieux, à répondre à des exigences dont la tendance devient
de plus en plus marquée.

D'après ce qui précède, il est évident que nous nous
acheminons vers une salutaire et large consommation du
vin à tous les degrés de l'échelle sociale.

§ III. — DROITS SUR LES BOISSONS.

En France, ce qui retarde le plus le libre développement de la consommation, ce sont les droits quelquefois
excessifs, qui frappent les boissons.

Les droits sur les boissons sont 1°: le droit de circulation, qui se perçoit sur les vins, cidres, poirés et hydro-
mels destinés aux simples particuliers; pour la perception de ce droit, les départements sont divisés en quatre
classes, selon la valeur moyenne du vin; en principe, ce
droit varie de 0 fr. 60 à 1 fr. 20; l'écart entre chaque classe
est de vingt centimes. Les départements ont été classés
de façon à ce que le droit à payer fût d'autant plus élevé
que la vigne y est plus rare; 2° le droit de consommation:
ce droit pèse sur les spiritueux, il est perçu à raison de

75 fr. par hectolitre d'alcool en cercle, ou par hectolitre de spiritueux en bouteilles. Ce droit était à l'origine de 34 fr. il a été constamment surélevé, ce qui l'a fait appeler par M. Thiers la *bête de somme des impôts*; 3° le droit d'entrée perçu partout où il y a une population agglomérée de plus de 4,000 âmes. La quotité du droit varie suivant la population des villes, et de plus, selon la classe des départements. La classification est la même que pour le droit de circulation ; l'écart entre le minimum et le maximum du droit d'entrée sur le vin varie dans les départements de 1re classe de 0 fr. 30 à 1 fr. 20; dans les départements de 2e classe de 0 fr. 40 à 1 fr. 60; dans les départements de 3e classe de 0 fr. 50 à 2 fr.; dans les départements de 4e classe de 0 fr. 60 à 2 fr. 40. Pour les alcools, cet écart varie de 4 à 16 fr.; 4° le droit de détail qui porte sur les boissons vendues par les débitants assujettis à l'exercice: il est de 15 0/0 du prix de vente; 5° le droit de taxe unique: dans les villes sujettes aux droits d'entrée, les conseils municipaux peuvent demander la suppression des exercices chez les détaillants, moyennant la perception à l'entrée, d'une taxe calculée de façon à être la représentation cumulative des droits de circulation, de détail et d'entrée. Paris, Lyon, Rouen, et toutes les villes d'une certaine importance sont sous le régime de la taxe unique. Les débitants et marchands en gros doivent payer en outre un droit de licence.

Indépendamment du principal, tous ces droits étaient frappés d'un décime de guerre par la loi du 28 avril 1816. La loi des finances de 1854 leur a imposé un nouveau décime. Le produit de ces divers droits dépasse, depuis quelques années 200 millions.

Tous les documents qui précédent nous ont été fournis par le grand dictionnaire universel de Pierre Larousse.

Les divers droits dont nous avons donné la désignation spéciale, constituent l'impôt sur les vins, perçu pour le compte de l'État. A cet impôt, il faut ajouter les droits d'octroi, imposés, sauf le prélèvement au profit du Trésor, dans l'intérêt des villes.

Les tarifs d'octroi sont réglés par des décrets, à la condition d'être maintenus dans les limites posées par l'ordonnance du 9 décembre 1814 et par la loi du 28 avril 1816. L'article 12 de cette ordonnance et l'article 149 de cette loi posent en principe que le droit d'octroi municipal sur les boissons ne pourra pas excéder le droit sur les vins que l'État perçoit pour son propre compte à l'entrée des villes. Néanmoins, la loi de finances du 22 juin 1854, dans son article 18, permet aux villes de porter, sans autorisation législative, le droit d'octroi municipal au double du droit d'octroi du Trésor.

Avant de nous occuper de la question des octrois, voyons d'abord l'économie de la législation, en ce qui concerne l'impôt sur les vins.

En principe les différents droits désignés plus haut sont équitables. A notre avis, il y a pourtant lieu de regretter que la loi, préoccupée de créer des ressources au Trésor ait cru devoir, tant pour les droits de circulation que pour les droits d'entrée, établir des taxes d'autant plus fortes, qu'elles atteignent des localités où la production vinicole est plus rare.

Cette disposition nous paraît, en effet, froisser l'esprit même de la loi de l'impôt. Cet esprit, quel est-il? C'est que tout membre de la société, en vue du maintien des avantages que celle-ci lui procure, devra consentir sur chaque chose, au profit de l'État, l'abandon d'une partie de la valeur même de cette chose, obligation qu'il acquitte en payant les taxes légales. Or, je ne sache pas que deux personnes appartenant à deux départements éloignés, aient une participation différente aux bienfaits généraux, qui leur viennent de la Société ; je ne vois pas dès lors pourquoi les habitants d'une zone seraient assujettis à payer, pour consommer le vin, des droits plus élevés que ceux qui sont imposés aux habitants d'une autre zone. Je n'ai pas lu l'exposé des motifs, qui ont présidé à la confection de la loi, mais je présume que, pour le règlement des taxes on a considéré non plus les rapports des individus avec l'État, mais ceux des régions d'ensemble, de manière qu'on a été conduit à regarder comme juste leur participation proportionnelle aux charges du pays. Dans les contrées, où l'usage du vin est peu répandu, où conséquemment la perception des droits, cette branche importante des revenus publics, se trouve atteinte dans ses recettes, on a pensé combler le déficit dans une certaine mesure, par l'élévation des tarifs. Cela aura paru d'ailleurs d'autant plus équitable que ces contrées ne consomment généralement que des vins de bonne qualité. En fait, c'était reporter toute la charge de l'impôt sur la classe aisée des consommateurs ; de plus, c'était faire obstacle, dans un intérêt fiscal, au développement de la consommation d'une denrée utile à la santé des masses. Mais au point de vue de l'économie financière, faisait-on bien ? Il est permis d'en douter. C'est en effet une nécessité reconnue que, pour obtenir un gros revenu, il faut taxer modérément les objets de grande consommation. En pareil cas, le produit des impôts augmente presque toujours en raison de l'abaissement des tarifs. Cela n'était peut-être pas exactement vrai, lorsqu'on a fait la loi de 1816, alors que les voies de communication manquaient absolument partout, mais c'est devenu un fait d'une incontestable vérité avec l'établissement des chemins de fer. La modicité des prix introduite par les compagnies pour le transport des vins à grande distance, faciliterait certainement aujourd'hui le développement de la consommation dans les contrées qui sont privées de cette utile denrée, si les taxes n'étaient pas si élevées.

Nous le répétons, la disposition de la loi nous paraît regrettable, surtout parce qu'elle a pour résultat de restreindre l'usage d'une boisson nécessaire à l'hygiène. Qu'arrive-t-il, en effet? C'est que dans les départements placés dans la quatrième catégorie, où nulle part on ne cultive la vigne, et notamment dans les grandes villes manufacturières du Nord, l'exagération des taxes municipales, combinées avec les droits d'entrée perçus dans l'intérêt du Trésor, a produit un enchérissement artificiel du vin qui pèse lourdement sur les populations. Outre que le prix élevé du vin en a limité l'usage aux seules familles aisées, il a fait contracter aux basses classes le goût des grossières boissons alcooliques.

En écartant la question de savoir si le fisc y trouve son compte, ce qu'on peut affirmer c'est que le pays n'y trouve pas le sien.

Le but vers lequel doit tendre toute loi de finance, est non-seulement de sauvegarder la situation présente, mais encore de préparer favorablement les voies de l'avenir. Eh bien, la loi qui, par des tarifs trop élevés, interdit aux masses l'emploi usuel des denrées recommandées par l'hygiène, en quelque état florissant qu'elle place le Trésor, cette loi là travaille contre l'avenir du pays.

Aujourd'hui, dans les grands centres, les chantiers, les fabriques, les usines, les manufactures font chaque jour de nouvelles recrues; les habitants désertent les campagnes; attirés par les gros salaires, ils vont dans les villes; là on les embrigade au service de l'industrie. Ce n'est plus alors cet air fortifiant des champs, qu'ils ont quittés ; non, c'est la vie à l'étroit et le rude travail au milieu de l'atmosphère enfumée des ateliers. Pour les soutenir dans cette fiévreuse activité, d'où leur viendront les forces ? Du vin seul. Certes, bien qu'il le paye cher, l'ouvrier ne s'en prive généralement pas ; tant qu'il est seul, les fortes journées suffisent à ses dépenses. Mais, qu'il se marie et qu'il ait des enfants, l'usage si salutaire du vin n'est plus permis à cette famille que le salaire journalier de son chef doit nourrir et entretenir. Souvent le père ne renonce pas facilement à des libations dont il a pris l'habitude ; sans souci du tort qu'il cause au ménage, dont il amoindrit les ressources, il continue à suivre son penchant ; mais le vin est cher, trop cher pour ses faibles moyens et l'ivrognerie le livre bientôt à la passion abrutissante des spiritueux. Quels enfants peuvent procréer ces hommes ? Des êtres rachitiques et malingres. Voilà la pépinière où se recrutera l'armée de l'industrie de l'avenir. Aujourd'hui, nous envoyons encore de nos villages des hommes robustes, qui repeuplent les manufactures, mais il arrivera un temps. où nous cesserons d'en envoyer. Le défaut de bras ne se fait déjà que trop sentir dans les exploitations agricoles, et ce n'est certes pas des grandes villes que nous reviendront les travailleurs. Il faut donc que les hommes qui font marcher actuellement nos industries engendrent des générations capables de leur succéder. Si vous voulez que ces fils soient dignes de leurs pères, un jour ; qu'ils possèdent cette virilité, qui, plus que le nombre, fait la puissance, assurez dès à présent aux populations des grandes villes industrielles, l'emploi usuel des denrées véritablement utiles, et parmi lesquelles le vin tient un des premiers rangs.

C'est là une tâche, que le gouvernement de l'empereur, qui a toujours montré tant de sollicitude pour les classes ouvrières, devrait tenir à honneur de mener à bonne fin.

Est-ce à dire qu'il faille supprimer tous les droits? Non, certes. Nous sommes de ceux, qui admettent la nécessité d'assurer à l'État l'intégralité de ses revenus pour subvenir aux charges nécessaires qui lui incombent.

Ce que nous demandons c'est, avant tout, la juste répartition de l'impôt, selon l'esprit de la loi même de l'impôt.

La législation des contributions indirectes, en ce qui touche les choses de la consommation, est parfaitement caractérisée. Son principe est qu'il y a lieu d'examiner le plus ou moins d'utilité des objets soumis à l'impôt et d'y subordonner la fixation des tarifs. Les objets de luxe payent des droits élevés; ceux de première nécessité, au contraire, sont faiblement taxés. Une seule exception subsiste; celle relative aux vins. Le gouvernement, dans la voie sagement libérale, où nous l'avons vu marcher, arrivera, nous n'en doutons pas, à faire disparaître cette anomalie. Dans le but de répandre l'usage du sucre et du café, regardés comme utile à l'hygiène, n'a-t-il pas supprimé tous droits d'octroi sur ces denrées? Sans doute, l'intérêt du Trésor est plus sérieusement engagé dans l'impôt sur les boissons. Mais une réduction des tarifs détruirait-elle, sans remède, l'équilibre du budget? C'est là un sujet d'étude laissé à l'initiative de notre ministre des finances, et que sollicitent instamment les vœux des populations.

J'aborde à présent la question des octrois, en ce qui touche la perception des droits sur les vins. Je restreindrai toutefois mon examen à l'octroi de la ville de Paris, parce que c'est là que le besoin d'une réforme se fait surtout sentir.

§ IV. — L'OCTROI DE PARIS.

Personne n'ignore que Paris ne soit le principal débouché pour la consommation intérieure. C'est pourtant là que l'impôt sur les boissons est plus particulièrement onéreux. Le droit d'octroi municipal est aujourd'hui sur les vins de 10 francs par hectolitre plus 1 décime, soit : 11 francs, et le droit du Trésor est de 8 francs plus 2 décimes, soit : 9 fr. 60 c. ou, en tout, pour la ville et l'État 20 fr. 60 c. par hectolitre. Cet impôt élève la valeur des vins de moyenne qualité de plus de cent pour cent. La part qui revient à la ville constitue largement la moitié des recettes de l'octoi. Toute modification de tarifs tire conséquemment de ce fait une importance capitale.

Une chose pourtant reste palpable, c'est qu'il existe une disproportion considérable entre les droits sur le vin et ceux que payent les autres denrées de première nécessité. Pour n'en citer qu'un exemple, la viande de bœuf, de vache, de veau, de mouton et de porc est taxée à raison de 8 fr. 85 c. les 100 kilog., plus 1 décime, à la sortie des abattoirs, et à 10 fr. 55 c. plus 1 décime, au passage des barrières (1).

----

(1) Voici du reste le tableau des droits que payent à l'entrée de Paris, tant à la ville qu'au Trésor public, les objets de consommation alimentaire et usuelle :

Le pain, 01 centime par kilog ; le sel, 05 centimes le kilog. ;

Cela est déjà énorme et les économistes demandent aussi une réduction de ce côté ; mais on conviendra que par rapport à la valeur même des objets, ces droits n'ont pas ce caractère d'exagération que nous avons eu à signaler tout à l'heure pour les vins (1). Il serait donc juste que les vins fussent ramenés à la règle commune, et ne payassent que les droits modérés qui atteignent d'ordinaire les denrées de grande consommation.

Il est d'ailleurs admis en principe que les taxes ne sauraient, sans être abusives, dépasser la valeur même des objets qu'elles frappent. Or, si nous mettons à 20 francs l'hectolitre, soit : à 50 francs la barrique de 250 litres, le vin de qualité moyenne, nous voyons que les droits à payer tant à l'État qu'à l'octroi, donnent une somme plus élevée, qui, d'après les bases précitées est de 51 fr. 50 c. La mesure n'est donc plus gardée.

La ville pourrait-elle opérer une réduction de ses

---

la viande sans distinction d'espèce, de qualité ou de catégorie 12 centimes par kilog.; la charcuterie salée 23 c.; le vin 21 centimes par litre ; le cidre 10 centimes ; la bière 4 c. 1/2 (sans distinction de qualité); le beurre 10 centimes par kilog.; les fromages secs 12 centimes par kilog.; les œufs 15 centim s par cent; l'huile à manger commune 25 centimes le litre ; le vinaigre 12 centimes ; l'huile à brûler 10 centimes le litre; la chandelle 7 centimes le kil.; la houille 72 centimes les 100 kilog.; le charbon 50 centimes l'hectolitre; la pétrole 18 centimes le litre.

(1) En 1866, dont nous avons seules les recettes, la perception sur les viandes s'est élevée pour Paris à 14,800,000 francs, tandis que sur les boissons, elle a été de 49,700,000 francs. La même année, le total des produits de l'octroi a atteint 96 millions. Les autres sources de recettes sont comprises dans les cinq divisions suivante: 1° boissons et liquides; 2° comestibles; 3° combustibles; 4° fourrages; 5° matériaux.

tarifs, sans nuire à ses finances ? C'est dans ces termes que doit se poser le problème d'une réforme.

La ville de Paris a, en effet, des frais considérables d'entretien, d'ordre public, d'embellissements et de représentation. Elle a de plus une dette considérable. Il lui faut, par conséquent, les ressources habituelles de son budget pour faire face aux engagements pris et poursuivre cette œuvre de transformation, qui en fait déjà la capitale la plus splendide du monde.

Ceci posé, la réduction des tarifs pour la perception des droits sur les vins ne peut se faire que de trois manières :

1° En reportant sur les autres matières soumises à l'octroi la charge de parfaire la différence ;

2° En favorisant l'accroissement de la consommation dans une proportion qui comblerait le déficit ouvert par l'abaissement des tarifs ;

3° En allégeant, par un expédient financier, le budget de la ville d'une somme qu'on consacrerait à un dégrèvement des taxes.

Quant au premier moyen, il n'y faut point songer. Il est en général peu digne et généreux de rejeter sur le voisin le fardeau, qui vous pèse ; et puis les objets soumis à l'impôt de l'octroi sont eux-mêmes assez chargés pour que l'on écarte toute pensée de les charger encore. Enfin, le public ne gagnerait rien à un déplacement des droits, et ce serait toujours lui, en définitive, qui aurait à payer.

Restent donc les deux autres moyens.

Isolément, ils n'auraient peut-être ni l'un ni l'autre une complète efficacité ; ensemble et combinés dans une juste mesure, ils me paraissent susceptibles, au contraire, de produire de bons résultats.

Je vais au préalable les examiner successivement.

Quelles sont d'abord les conditions favorables d'où pourrait naître l'élargissement de la consommation du vin ?

Il faudrait ranger en première ligne le fait même de l'abaissement des tarifs ; nous y reviendrons plutôt tout à à l'heure, avec le développement que la matière comporte.

Parmi les autres causes, qui peuvent influer sur l'importance de la consommation, il faut placer, je crois, le mode même de perception des droits.

§ V. — LA TAXE UNIQUE ET LA TAXE *ad valorem*.

Le régime adopté par la ville de Paris et qui est actuellement en vigueur, est celui de la taxe unique.

Nous avons vu que, pour les qualités moyennes, le droit perçu par l'État et celui perçu par l'octroi municipal portaient le prix des vins en cercles à plus du double de leur valeur, hors barrière. C'est dire que pour les vins de qualité inférieure, le droit total peut être triple, quadruple même de leur prix aux lieux de production. Les bas produits se trouvent donc placés, pour la quotité de l'impôt, dans des conditions désavantageuses, tandis que les bon crus au contraire, sont placés, eux, dans une situation privilégiée.

La ville, en établissant une taxe fixe pour les vins, sans distinction de provenance et de qualité, consacre un ordre de choses que condamnent les principes de la plus stricte équité. Personne ne l'ignore ; ceux mêmes qui ont l'honneur de l'administrer en sont convaincus. Comment un régime à tous égards si défectueux se maintient-il donc? C'est que la pratique contraire qui consisterait à admettre la taxation *ad valorem* a toujours semblé impossible; c'est du moins encore l'opinion de fort bons esprits. La responsabilité de l'administration se trouve donc sur ce point complétement dégagée. Il y a même tout lieu de croire que, si l'impôt *ad valorem* paraissait, quant à sa perception, ne devoir souffrir aucune difficulté dans l'application, on s'empresserait de l'adopter.

Quant à moi, je confesse que ce mode de taxation ne me semble pas d'une pratique absolument impossible; et je vois, par contre, d'énormes inconvénients, à ce que le régime en vigueur ne soit pas remplacé, attendu que la consommation n'est pas sans beaucoup en souffrir.

En effet, supposez un instant que l'on taxe les vins *ad valorem*; qu'en résulterait-t-il? C'est qu'on pourrait appliquer aux vins les règles ordinaires de l'impôt sur le luxe. Les vins de choix, qui sont le luxe de la table, seraient taxés plus haut et les droits seraient proportionnellement d'autant plus élevés que la valeur des vins serait plus grande; qui oserait s'en plaindre? Ce serait exactement conforme à l'esprit de la loi des contributions indirectes, qui veut que les jouissances de pur caprice se payent cher, afin de laisser aux masses les moyens de satisfaire librement aux nécessités de la vie.

Je rencontre ici une objection et j'y réponds.

On me dit : « mais si vous exagérez les taxes des vins de prix, vous restreignez la consommation. »

Je ne pense pas que ces effets soient à craindre et voici pourquoi :

Il y a deux classes d'acheteurs : les premiers — et c'est le grand nombre — ne disposent que d'une certaine somme de ressources. Ceux-là comptent, calculent; si la valeur d'une denrée n'est plus à leur portée, ils se privent, ils s'abstiennent ; oui, pour ceux-là, l'élévation des taxes a pour effet de restreindre la consommation; nous en avons fait la remarque nous-mêmes. Mais pour les autres, pour les riches, pour ceux dont les revenus laissent une large part à la fantaisie et qui forment la seconde classe, il n'en est plus du tout de même. Les vins fins appartiennent à cette catégorie de denrées que le luxe et la vanité rechercheront toujours, quelle que soit l'élévation des droits.

Ainsi le régime *ad valorem* permet une échelle de taxes élevées au sommet, modérées à la base.

Dans ce système, c'est la richesse qui, en sacrifiant au caprice et aux goûts du comfort, supporte, à la décharge des petites bourses, le poids de l'impôt.

Sous le régime en vigueur, les rôles sont changés et l'on pourrait presque dire que ce sont les petites bourses qui payent pour les grosses.

Qu'est-ce, en somme, que ce droit total fixe de 20 fr. 60 par hectolitre ?

C'est une moyenne pour tous les vins de France.

Si c'est une moyenne, elle est nécessairement formée des taxes proportionnelles qui frapperaient les grands et les petits crus. Les vins de 6,000 francs le tonneau, par exemple, devraient supporter des droits élevés ; les vins à bon marché, des bords de la Méditerranée, au contraire, ne devraient être que faiblement taxés.

Ces vins, de valeurs si diverses, sont soumis aujourd'hui au même tarif, pourquoi? Parce qu'il est implicitement convenu que les uns gagneront ce que les autres doivent perdre. Or, les masses ne consomment que les qualités communes et jamais les qualités de choix. Donc les grands crus élèvent la moyenne des droits au préjudice des masses ; donc les vins de la consommation usuelle, en payant le droit fixe moyen de 20 fr. 60 par hectolitre, sont taxés à un droit supérieur à celui qui leur incomberait sous le régime *ad valorem*.

Il nous était donc permis d'avancer que les masses, en fin de compte, payent dans une certaine mesure au lieu et place des classes qui consomment exclusivement les qualités supérieures.

Nous avons dit que la taxation *ad valorem* tendrait à élargir le cercle de la consommation ; ceci résulterait, en effet, de ce fait seul, que sous le régime en question, les vins de qualité commune et conséquemment ceux de la consommation la plus usuelle, acquitteraient, ainsi que nous l'avons vu, des droits moins élevés.

La ville pourrait, de cette sorte, arriver à se constituer le même revenu qu'aujourd'hui, par le double motif que voici : les grands crus et vins de choix, étant proportionnellement taxés plus haut, prendraient à leur charge une partie du déficit et l'extension de la consommation atténuerait, d'autre part, ce même déficit dans une large proportion.

Mais la taxation *ad valorem* est-elle possible ? C'est ce que nous allons examiner.

§ VI. — La perception des droits sous le régime *ad valorem.*

Si la bonne foi universelle était de ce monde ; si le pacte que les hommes contractent implicitement avec la société n'était pas continuellement en lutte avec leurs intérêts, rien ne serait plus facile que d'appliquer le droit *ad valorem,* qui est sans contredit le plus juste de tous.

Le prix des objets étant d'ordinaire la représentation la plus certaine de leur valeur, il n'y aurait qu'à dire à l'acheteur combien avez-vous payé cette barrique de vin et nous allons vous imposer dans la proportion du prix déclaré. Mais ce serait trop demander à la bonne foi des hommes que de compter toujours sur une entière sincérité dans les déclarations qui pourraient être faites. Pour oser adopter un système dont tout le mérite est de conformer l'impôt à la valeur réelle, il faut être sûr de pouvoir s'assurer du chiffre de cette valeur et prévoir, par avance, les moyens qui vous serviront à atteindre la fraude, si elle venait à se produire.

La première difficulté est de pourvoir les cinquante-trois passages, ménagés dans le mur d'enceinte des fortifications pour l'entrée et la sortie des marchandises, d'un personnel capable d'apprécier les qualités diverses des vins soumis aux droits d'octroi et de contrôler les déclarations.

Les vins en cercles étant une matière encombrante et qu'il est difficile de dissimuler, qui empêcherait de les astreindre à passer tous par un entrepôt soumis à la surveillance directe de la ville. Là, l'octroi aurait à demeure fixe son personnel d'agents et d'experts. Si quelque tentative était faite pour déclasser les vins et tromper sur leur valeur, ces experts dégustateurs, seraient chargés de reconnaître et de signaler la fraude.

Mais quelle sanction donner à la loi ?

Cette sanction consisterait dans la faculté laissée à la ville, d'user du droit de préemption.

Ce droit de préemption, de tout temps, a été très-attaqué. On a dit que la ville ne saurait, sans manquer à sa dignité, se faire commerçante ; qu'elle serait, d'ailleurs, bientôt chargée de marchandises dont elle ne saurait que

faire. Cette double objection me paraît sans fondement.
D'abord, on ne peut pas dire que la ville ferait acte de
commerce, en usant du droit de préemption, et manque-
rait à sa dignité. En matière douannière, l'État aussi est,
dans certains cas, armé du droit de préemption et personne n'a jamais songé à dire que ce cela ne fût pas digne.
Non, le droit de préemption est là comme une sanction
de la loi ; on en use, non pas quand on pense y découvrir un avantage commercial, mais bien là seulement où
l'on soupçonne une tentative de fraude.

Au reste, en sus de la valeur déclarée, on paye, en
outre, un dixième de cette valeur. Le commerçant ou
l'acheteur que vient frapper le droit de préemption, ne
peut donc jamais perdre, il ne peut que manquer de ga-
gner. C'est sans doute là un mal, mais un mal nécessaire,
que la prudence et un sentiment de justice s'efforceront
de rendre le plus rare possible.

Pour ce qui concerne les vins, la ville de Paris n'userait
de ce droit qu'avec la plus grande réserve. Ensuite, les
inconvénients qu'on a signalés pour la douane ne sauraient
se présenter pour l'octroi. En douane, le droit de préemption frappant des marchandises de natures très-diverses,
peut constituer l'État, en cas d'erreur des agents, propriétaire d'objets, qui ne trouvent pas toujours un placement facile. Pour les vins, il en serait autrement. Si
l'octroi venait, en effet, à user de son droit de préemption,
il ne le ferait qu'avec les lumières d'experts habiles et
assermentés. Il y aurait donc tout lieu de croire qu'il ne
pourrait faire commercialement qu'une bonne affaire. Or,
dans une grande ville, comme Paris, où la concurrence
s'exerce avec tant d'avidité, l'octroi aurait bien vite
trouvé une compagnie qui prendrait pour son compte, en
abandonnant même un bénéfice à la ville, tous les vins

qu'il se serait appropriés par droit de préemption. Notons encore que ce droit de préemption aurait surtout un effet comminatoire et qu'il trouverait sans doute, assez rarement, l'occasion de s'exercer.

Tout cela suffirait-il à assurer une parfaite exactitude des déclarations qui devraient être faites à la barrière pour la perception des droits sur les vins? Non, assurément. Le seul effet qu'aurait la mesure serait d'écarter toute possibilité de fraude grave ; mais la fraude légère, en cet état de choses, reste facile, du moins dans des limites telles que les agents de l'octroi, avec la mesure et la prudence qui leur sont commandées, ne se croient pas en droit d'user, au nom de la ville, de l'arme dont la disposition leur est laissée. Il est donc besoin de rechercher par quels autres moyens on pourra atténuer ces inconvénients et arriver à la connaissance à peu près exacte de la valeur du plus grand nombre possible des vins soumis à impôt. Là se place l'innovation que je propose.

Je commence par distinguer entre les deux classes d'expéditeurs des vins en destination de Paris.

Ces deux classes me paraissent être : 1° celle des producteurs ; 2° celle des négociants en vins de la province.

Il y a cette différence entre eux, que les négociants, trafiquant de la marchandise, se trouvent dans des conditions qui ne permettent pas de leur appliquer la règle commune de l'acquittement de l'impôt. Ainsi, ils achètent les vins à une époque, les conservent un certain temps et les livrent à la consommation parisienne, alors que les cours ont subi quelquefois des variations considérables. On ne saurait donc leur faire payer les droits d'après les prix d'achats, si sujets aux oscillations de la hausse et de la baisse. D'un autre côté, les négociants font des mélanges ; ils détruisent dès lors l'identité des vins ; comment serait-il possible, dans ces circonstances, de les imposer d'après les prix auxquels ils auraient acheté les produits? Il y aurait évidemment là une impossibilité absolue.

Quand l'expéditeur est un propriétaire, la situation est tout autre. Une fois la vente faite, l'expédition a lieu dans un très-bref délai. Même en cas d'entremise d'un courtier ou d'un commissionnaire, le plus ordinairement, les vins sont expédiés directement au chemin de fer; quelquefois cependant ils font une station chez l'intermédiaire ; nous verrons un peu plus tard dans quelle catégorie d'expéditions nous rangerons ce cas.

Or, la plupart des vins sont expédiés du lieu de production pour Paris, à l'état naturel ; et c'est là seulement, que les négociants et marchands font sur place leurs mélanges ou coupages.

Ceci posé, la taxation *ad valorem* sera admise en principe ; mais le mode de perception des droits variera suivant les cas.

S'agit-il d'une expédition faite par des négociants de la province ? La qualité de l'expéditeur, sera consignée, au lieu d'expédition, sur la simple présentation d'un certificat authentique du diplôme de patente, et la perception des taxes se fera *ad valorem* et comme il suit : Le destinataire déclarera le prix de la marchandises et la ville sera, comme nous l'avons dit, armée du *droit de préemption*. S'agit-il à présent d'une expédition faite directement ou indirectement par le producteur ? Dans ce cas la perception des droits se fera, non plus d'après la déclaration personnelle du destinataire, mais d'après celle portée sur les pièces de la régie, ainsi que je vais dire.

Une loi serait faite, qui exigerait la déclaration du prix de la marchandise, du propriétaire lui-même. La mention en serait portée par le préposé des contributions indirectes, qui délivre les congés et acquits à caution, sur ces pièces mêmes, concurremment avec les autres désignations. Ce n'est pas tout. La mesure qui, d'ordinaire, réussit le mieux est celle qui met en jeu l'intérêt des hommes. Cette mesure, dans l'espèce, consisterait à décréter que, dans chaque mairie, un registre public sera destiné à recevoir, chaque année, la transcription obligatoire des déclarations faites à la régie. On comprend que par crainte de cette publicité, le propriétaire jaloux d'assurer la bonne réputation de ses produits, aura un intérêt manifeste à ne pas déguiser le chiffre exact des prix de vente.

Rien de plus simple que cette pratique. Voyons les objections qu'on peut y faire.

Les objections contre le principe d'abord. On pourrait dire que la prescription dont il s'agit, aura pour effet de porter le trouble dans les transactions commerciales ; que le négociant ou son mandataire a souvent intérêt à entourer ses opérations du plus grand secret ; que le producteur lui-même se soucie fort peu quelquefois de faire connaître la valeur de ses denrées ; que la mesure, en un mot, est tout au moins indiscrète, si elle n'est pas vexatoire.

A cela, je réponds que c'est un principe passé dans notre législation que le fisc a un privilége d'immixtion dans nos affaires privées, chaque fois qu'il s'agit de la perception d'un droit. Dans l'espèce, nous ne nous trouvons pas d'ailleurs en présence d'une application choquante en soi. Au surplus, il y va de l'intérêt des masses, et l'excellence du but fait passer sur les inconvénients des moyens. Notons enfin que pour diminuer les entraves apportées aux transactions, la transcription sur le registre communal, ne se ferait que, le 1er et le 15 de chaque mois.

J'arrive à présent, ce qui est beaucoup plus grave, aux objections contre l'efficacité même du système.

Cette efficacité consisterait, avons-nous dit, à donner des apparences de sincérité aux déclarations du propriéaire, lequel serait intéressé à ne point déprécier dans le public la valeur de ses produits, par une déclaration mensongère.

L'argumentation de mes contradicteurs se résume ainsi : tout le monde sait, disent-ils, que l'on déclare constamment à l'enregistrement, dans des acquisitions d'immeubles, des chiffres inexacts. Les propriétaires n'agiront pas autrement. Dans le but de favoriser leurs acheteurs, ils feront inscrire une valeur inférieure à la valeur réelle, et ils ne craindront pas que leurs produits en soient moins estimés du public, qui, soupçonnant la fraude, ne saurait ajouter foi à la sincérité des déclarations contenues sur le registre de la mairie.

L'argument est spécieux, mais nullement concluant et je le prouve.

Il y a une grande différence entre la vente d'un immeuble et la vente d'une denrée commune. La fraude est facile dans le premier cas, et difficile dans le second. Une terre a une valeur variable et de caprice ; une denrée a un cours parfaitement déterminé et connu de tous. Une fausse déclaration exposerait dès lors beaucoup celui qui s'en rendrait coupable. C'est pour cela que, si l'on agissait sur le propriétaire expéditeur par la crainte d'une répression sévère en cas de fraude constatée, on arriverait, je crois, à obtenir des chiffres le plus généralement vrais. S'il restait une possibilité de tromper, ce ne pourrait être conséquemment que dans de très-faibles limites. Ce premier résultat acquis, mes premières déductions restent exactes, c'est-à-dire que le propriétaire, pour la bonne renommée de ses produits, serait intéressé à faire inscrire sur le registre communal le prix réel de la vente.

Qui oserait d'ailleurs faire une déclaration notoirement mensongère, alors que la publicité serait assurée à la fraude? Personne.

Je résume le système général :

Premier cas. — Expédition d'un négociant. Taxation *ad valorem* sur déclaration du destinataire ; sauvegarde : droit de préemption.

Second cas. — Expédition d'un particulier, directe ou par intermédiaire. Taxation *ad valorem* d'après la déclaration contenue sur les lettres de voiture ; sauvegarde : publicité donnée à cette déclaration, d'une part ; et d'autre part, répression de la fraude constatée, d'après une échelle déterminée de pénalités.

Une dernière objection : dans quelle catégorie rangera-t-on les envois faits par les commissionnaires ou autres, qui opèrent des mélanges pour le compte de leurs commettants de Paris ? — Réponse : dans la catégorie des expéditions de négociants, mais sur la déclaration responsable desdits intermédiaires patentés.

Simple question pour finir. — Pourrait-on, comme moyen comminatoire, dont l'usage serait laissé à l'appréciation des receveurs de l'octroi municipal, armer ceux-ci du droit de déférer le serment au destinataire ?

Bien qu'il soit certain que beaucoup seraient arrêtés dans la voie frauduleuse par cette seule mesure, il répugnerait pourtant de soumettre la conscience publique à une telle épreuve. Il ne faut pas ravaler la majesté du serment aux choses du commerce. Ce serait tuer son prestige et l'on serait en droit de regarder comme immorale une pratique qui aurait pour effet fatal de faire des parjures.

Ce moyen doit donc être écarté. Il nous semble, du reste, que le régime du droit *ad valorem* peut être par

8

ailleurs entouré d'assez de garanties pour qu'il mérite d'être pris en considération. Quoi qu'on fasse, le système, à coup sûr, ne sera jamais parfait ; il y aura toujours des fraudes, mais où n'y en a-t-il pas ? L'enregistrement qui, lui aussi, perçoit des taxes sur valeurs déclarées, n'est-il pas dans une situation prospère ?

J'ai donné l'idée sommaire ; il se peut que j'aie oublié quelque point de pratique. Je pense pourtant avoir indiqué les éléments du fonctionnement général du système. Bien entendu, je n'ai pas l'outrecuidante vanité de croire que j'ai résolu là, du premier coup, un problème qui, au dire des gens compétents, présente des difficultés sérieuses. Je n'ai fait qu'exprimer mon sentiment sans me rendre garant de l'efficacité des moyens. Ce qui demeure certain, c'est que l'adoption de la taxe *ad valorem* aurait pour effet de diminuer les droits qui frappent les vins ordinaires de la consommation. L'intérêt des masses comme celui des producteurs, est donc directement engagé dans cette question, et l'on ne saurait trop, ce nous semble, encourager les efforts de ceux qui tentent de la résoudre.

§ VI. — RÉDUCTION DES TARIFS SOUS LE RÉGIME DE LA TAXE UNIQUE.

Je suppose que la taxation *ad valorem* ne puisse admettre des moyens de perception praticables, que ce soit comme une sorte de pierre philosophale économique à la recherche de laquelle il soit absurde de s'attacher ; faudrait-il pour cela renoncer à découvrir par quelle autre voie on pourrait arriver à la réduction des tarifs, qui atteignent les vins à leur entrée dans Paris? Non, sans doute, et nous persistons à croire qu'une solution est possible, qui sauvegarderait tout à la fois les intérêts de la ville et ceux des consommateurs.

Les éléments de cette solution, je les indique par ordre d'abord, je les examinerai ensuite séparément.

Ce sont : 1° ce fait, que la consommation des denrées de première nécessité, augmente à mesure que les taxes s'abaissent; 2° cette circonstance favorable de l'accroissement de la population parisienne; 3° l'existence d'un traité conclu avec le Crédit foncier, et qui rend la ville maîtresse d'un excédant libre de recettes.

1° Accroissement de la consommation. — C'est un principe admis en France, et d'autre part, établi par la statistique, que le chiffre des affaires dans une branche quelconque de l'activité nationale, se développe toujours en raison même de l'abaissement des prix et tarifs. Tout le monde sait l'extension énorme qu'a prise le service des postes à la suite de la mesure qui a réduit les taxes anciennes. Le même fait s'est produit plus tard pour les télégraphes. Un remaniement des tarifs de chemins de fer, a eu pour résultat d'accroître le mouvement des marchandises Enfin, les droits qui, à une époque, frappaient certains produits coloniaux, ayant été diminués, quelques-uns même supprimés, on a vu la consommation s'étendre dans une large proportion. On est donc autorisé à poser en principe un fait que l'expérience à maintes fois révélé comme vrai. Il y a toutefois des réserves à faire. Le principe, par exemple, s'appliquera plus particulièrement aux denrées, qui ont un caractère de grande utilité, et qui sont conséquemment l'objet d'une grande consommation. Le vin est dans ce cas. Je n'irai pas jusqu'à dire pourtant que la consommation devra s'augmenter en raison exactement inverse de la réduction des tarifs; cela n'est pas vraisemblable. Mais le vin est une denrée si nécessaire, son prix est tellement élevé, l'approvisionnement particulier des familles constitue une si lourde charge pour le budget des petits ménages, que si les tarifs étaient baissés de moitié, il y a tout lieu de croire, que l'accroissement de la consommation couvrirait une grande partie de la perte résultant de cette réduction des droits.

2° Mouvement de la population. — Depuis le commencement du second empire, à chaque nouveau recensement, le chiffre de la population parisienne accuse une augmentation progressive.

En 1852, Paris comptait, sans la banlieue 996,067 habitants. Aujourd'hui, Paris agrandi du territoire des onze communes suburbaines, a près de 2 millions de population fixe. En défalquant le contingent fourni par la zone annexée, c'est un progrès notable, et qui s'accentuera dans l'avenir.

Quelque critique qu'on ait faite de la loi de 1859, qui a annexé à la ville tout le territoire compris entre le mur de l'octroi et les fortifications, on ne saurait nier, que ce fût là une pensée hardie et féconde. Sans doute, les choses purent bien ne pas se faire sans froisser çà et là quelques intérêts. Tout dernièrement encore, on passionnait l'opinion avec la question des usiniers. Un fait certain c'est que l'ancienne ville craquait de toutes parts dans ce mur d'octroi, que la loi de 1859 est venu renverser. Les recensements montraient une tendance manifeste de la population à s'accroître continuellement. Il fallait bien préparer des logements à cet excédant d'habitants; eh bien, la loi d'annexion a permis à la ville de donner une impulsion considérable aux constructions nouvelles. Ces magnifiques rues et boulevards, si rapidement édifiés au centre du vieux Paris, ont attiré des habitants riches, dont les habitudes de confort et d'élégance, alimentent aujourd'hui le commerce. Malheureusement, la cherté des loyers dans les mêmes quartiers, a eu pour contre-coup fâcheux, de refouler jusqu'à l'ancienne banlieue, toute une population de petits rentiers et d'employés, dont les modestes ressources ne pouvaient s'accommoder des splendeurs des logements nouveaux, et qui, pour revenir aujourd'hui à leurs affaires, perdent souvent un temps et un argent précieux.

En résumé, Paris s'est transformé du centre à la circonférence et cette œuvre se poursuit tous les jours. Les constructions se sont-elles faites dans les conditions d'économie et de simplicité désirables? C'est ce qu'il serait inopportun de rechercher ici. Ce que je tiens à constater, c'est qu'à une époque, qui n'est pas éloignée, Paris sera en état de loger, et logera probablement 3 millions et plus d'habitants. Qu'en résultera-t-il? C'est que la consommation de la denrée, qui nous occupe, augmentera dans une proportion correspondante.

Les droits restant les mêmes, si l'accroissement de 2 millions d'habitants devait monter à 3 millions, la consommation représentée aujourd'hui par le chiffre 2, devrait l'être alors par le chiffre 3; mais si les droits venaient à être baissés de moitié, la consommation suivrait un mouvement ascensionnel bien plus rapide, et arriverait, à coup sûr, à être le double de ce qu'elle est actuellement.

La perception des droits d'octroi donnerait donc, à peu de chose près, les mêmes chiffres qu'aujourd'hui.

Deux objections inévitables me seront faites.

Si la population de la ville, me dira-t-on d'abord, augmente, ses dépenses augmenteront vraisemblablement dans la même proportion ?

Oui, sans doute, les dépenses augmenteront ; mais les recettes augmenteront sur une échelle plus vaste encore.

Lorsqu'une ville comme Paris s'est constituée d'abord sur des bases larges, commodes, grandioses même ; lorsqu'elle a fait de grands travaux d'utilité publique applicables à une immense agglomération d'habitants, le surcroît de population qui peut survenir, ne peut que lui être profitable.

Cet excédant d'habitants est, en effet, une source nouvelle de recettes, tandis que sa part afférente des dépenses se trouve allégée, dans une certaine mesure, du fait même des grands travaux préexistants.

Je n'en citerai d'autre preuve à l'appui que celle tirée des derniers budgets de la ville de Paris, qui accusent tous les ans une nouvelle augmentation de revenu (1).

Des documents que fournissent les rapports du comité des finances de la ville, je conclus que la transformation et l'agrandissement de Paris ont produit de bons résultats financiers, puisque ses revenus sont tels, qu'après avoir fait face à tous les services annuels, y compris les intérêts

---

(1) Les excédants des recettes ordinaires sur les dépenses ordinaires ont continuellement progressé, comme on peut s'en convaincre, en se reportant aux anciens rapports du budget de la ville de Paris. Dans le budget estimatif de 1868, l'excédant est évalué à 47 millions 8,487 fr. 42 c. Cette évaluation, dit M. Devinck, le rapporteur, est extrêmement modérée.

L'excédant de 1865, qui était prévu pour 42 millions, en a donné 48 ; celui de 1866, qu'on estimait devoir être de 42 millions, en a produit 51, et celui qui figure au budget de 1867, pour 47 millions, sera probablement de 55 millions.

de la dette municipale, il reste encore un excédant, dont une partie est employée à l'amortissement de cette dette et le surplus inscrit au chapitre des dépenses extraordinaires.

Or, cet excédant, avons-nous dit, va grandissant chaque année. Dans un temps probablement assez proche, quand Paris comptera 3 millions d'habitants, il constituera des ressources considérables pour la ville.

Pourquoi ne profiterait-on pas de cette circonstance favorable pour réduire la quotité de l'impôt sur une denrée, qui subit en ce moment une taxe incontestablement exagérée. L'extension de la consommation, correspondant à l'abaissement des tarifs et au développement de la population, couvrira une partie de la perte ; l'abandon volontaire d'une portion de l'excédant des recettes couvrira l'autre, et on aura encore assez pour assurer le service et l'amortissement de la dette, en même temps que la continuation de cette œuvre immense qui se nomme l'embellissement de Paris.

Là se place la seconde des objections que nous avons prévues.

Il résulte, en effet, de ce qui précède, que, sans rompre l'équilibre du budget de la ville, la réduction des droits sera possible un jour, grâce à un accroissement de la population. Mais, dira-t-on, de ce que la mesure est applicable dans l'avenir, il ne s'ensuit pas qu'elle le soit dans le présent, et n'est-il pas nécessaire d'attendre que le budget municipal présente la situation avantageuse qui a été tracée, pour se résoudre à consentir un abaissement des tarifs dont l'effet immédiat serait probablement d'amener une diminution des recettes de l'octroi ?

Il est parfaitement exact de dire qu'il y aurait un sacrifice à faire de la part de la ville ; mais nous croyons, d'une part, que l'importance de ce sacrifice serait considérablement diminuée du fait de l'accroissement de la consommation, qui naîtrait de la réduction des taxes, et, d'autre part, que le traité conclu avec le Crédit foncier permettrait à l'administration d'adopter, dès à présent, une mesure que réclame si justement l'intérêt général.

3° Traité avec le Crédit foncier. On se souvient de ce que sont les bons de délégation. Ils tirent leur origine des faits suivants :

La ville n'exécute pas ordinairement elle-même ses grands travaux ; elle traite avec des compagnies auxquelles elle s'engage à payer des subventions. Ces subventions, elle doit les acquitter par des versements échelonnés d'année en année. Seulement, pour faciliter les opérations des entrepreneurs, elle autorise ceux-ci à tirer sur la caisse municipale, au profit de leurs sous-traitants, jusqu'à concurrence des sommes annuellement dues.

Ces sortes de lettres de change, négociables au gré des preneurs, ont reçu le nom de *bons de délégation*, parce qu'ils représentent véritablement une délégation de créance faite aux porteurs desdits bons par les entrepreneurs, qui ont traité directement avec la ville.

Les échéances de ces bons étaient pour le budget municipal une charge annuelle d'environ 50 millons de francs, du moins d'après certaines estimations. Eh bien ! cette charge va disparaître en partie.

Les bons de délégation étaient des effets à court terme ; on projette de les transformer en obligations municipales à long terme. Voici dans quelles circonstances.

Nous avons dit que les bons de délégation de la ville étaient des effets négociables. Ces bons, après avoir été escomptés une première fois à différentes banques, ont été assimilés ensuite à des titres communaux, èt, comme tels, portés au Crédit foncier, qui en a la majeure partie aujourd'hui et qui, conformément à ses statuts, à mésure qu'ils lui arrivaient, émit, pour se faire des fonds, des obligations communales. C'était donc entre les mains du Crédit foncier que devait être faite, aux échéances annuelles, la presque totalité des versements.

Les bons étaient échelonnés de manière qu'ils fussent amortis en dix ou douze ans ; l'administration proposa de les remplacer par des obligations de la ville remboursables en soixante années, et dont les titres seraient directement émis par le Crédit foncier. Le projet du traité porte seulement sur 398 millions, 440,040 fr. 84 c., et attend la sanction législative.

En résumé, moyennant une annuité de 5 fr. 41 c. 47m. 0/0, comprenant intérêt et amortissement, on répartit sur soixante années les payements qui devaient originairement grever un nombre restreint d'exercices.

Sur ces bases, l'annuité totale, que la ville devra acquitter, à l'avenir, se monte à 21⁵ millions environ.

Auparavant, elle avait, avons-nous dit, 50 millions, approximativement, à payer chaque année pour l'amortissement des bons dont on projette la transformation. Les obligations nouvelles donneront lieu à une dépense annuelle de 21⁵ millions ; différence, 28⁵ millions par an (1).

Eh bien ! c'est cet excédant de revenu libre, que nous voudrions voir appliqué pour une part à combler le déficit qui pourrait résulter de la réduction des droits sur les vins.

---

(1) Il convient de faire remarquer que les bons de délégation n'ont

Et, en vérité, ne serait-ce pas justice ? Que si l'on nous oppose que les excédants disponibles de recettes trouvent un emploi naturel et profitable à tous dans l'achèvement des grands travaux d'utilité publique, nous répondrons par une observation dont la justesse nous paraît ne devoir échapper à personne. Cette observation, nous l'empruntons au dernier rapport que M. Devinck a fait au conseil municipal de Paris sur la situation financière de la ville. Il y est dit qu'il y aurait une sorte d'injustice « à puiser chaque année dans les excédants uniquement fournis par la génération actuelle, pour effectuer l'ensemble d'améliorations, dont elle jouira certainement, mais dont les autres générations doivent profiter aussi dans une plus large proportion et pendant une longue période d'années. »

Le rapport concluait à ce que « une équitable pondération fût faite entre le présent et l'avenir. » Il faisait ressortir, d'ailleurs, la parfaite concordance de ces vues et de l'esprit même du traité projeté entre la ville et le Crédit foncier.

---

pas été transformés en totalité. La ville conserve donc une partie de ses engagements à courte échéance. En voici le tableau :

Totalité des subventions promises..........	453,013,005 49
Montant des subventions comprises dans le traité................................	398,440,040 24
Subventions non-comprises dans le traité..	54,572,965 25

Voici comment les échéances de ce reliquat sont réparties :

1869..	7,196,398 84	1872...	6,040,000 »	1875...	6,721,486 25
1870..	5,554,480 »	1873...	5,199,477 30	1876...	2,503,629 »
1871..	9,797,500 »	1874..	11,239,993 86	1877...	320,000 »
				Total......	54,572,9 25

Quant à nous, les paroles de l'honorable rapporteur du comité des finances municipales, nous semblent d'un bon présage et nous espérons que la réforme que nous appelons de tous nos vœux, ne se fera pas longtemps attendre.

Nous avons dit les raisons qui nous portaient à croire, que même après la réduction de 50 0/0 des droits sur les vins, les recettes de l'octroi devaient forcément arriver à l'équilibre dans un temps donné, et comme moyens transitoires, nous nous sommes étendu sur les ressources qu'un récent projet de traité pouvait permettre à la ville, le jour où il se réalisera, de consacrer à la réforme des taxes.

En admettant que la réduction de 50 0/0 fût trouvée trop forte, en admettant que la ville, empêchée par des engagements pris, arrêtée par les besoins d'argent que nécessitent les travaux en cours d'exécution ne se crût pas en mesure de faire tout le sacrifice qu'on lui demande, il y aurait encore lieu de rechercher si, dans de moindres limites, les tarifs actuels ne pourraient pas subir quelques modifications.

D'abord, à partir de 1871, la surtaxe d'octroi qui frappe actuellement les vins à leur entrée dans Paris devra être supprimée par l'effet même de la loi.

Dans le principe, le droit municipal sur les boissons ne devait pas excéder le droit sur les vins que l'État perçoit pour son propre compte à l'entrée des villes; tout ce qui était perçu en excédant constituait une surtaxe.

Par la suite, la surtaxe fut autorisée par une loi et doit être maintenue en vertu de la loi du 4 août 1851 jusqu'au 31 décembre 1870.

A cette époque, on était encore sous le régime de l'égalité des droits d'octroi et du droit d'entrée. Or, la taxe de remplacement est à Paris de 8 francs, dont 4 francs pour les droits de circulation, de détail et de licence, et 4 francs pour le droit d'entrée. C'est donc le chiffre 4 qui doit être comparé avec le chiffre 10 de la taxe municipale; d'où l'on voit que la surtaxe, lorsque se discuta la loi de 1851, était de 6 francs par hectolitre.

Depuis, la loi de finance du 22 juin 1854, est venue innover sur la matière ; son article 18 concède aux villes le pouvoir de porter, sans autorisation législative, le droit d'octroi municipal au double du droit d'entrée du Trésor. La surtaxe, à Paris, ne serait plus alors que de 2 francs. C'est cette surtaxe qui, d'après l'article 2 de la loi du 4 août 1851, devait être abolie le 1er janvier de l'année 1871.

Néanmoins, il convient de dire que certaines personnes vont jusqu'à confondre la taxe totale de remplacement avec le droit d'entrée. Pour ces personnes, il n'y aurait pas actuellement de surtaxe, puisque la taxe totale est de 8 francs, dont le double 16 francs, est supérieur au droit d'octroi de 10 francs. Mais nous pensons que cette opinion ne saurait prévaloir, et nous nous en remettons, avec confiance, pour une plus large réforme, à l'initiative éclairée de l'administration qui doit se préoccuper, tout, de créer les meilleures conditions d'existence possibles à cette population parisienne à laquelle on vient de bâtir une si merveilleuse demeure.

Le jour où s'opérera la réduction des taxes, on aura fait une œuvre doublement méritoire ; car les droits d'octroi, quand ils sont excessifs, non-seulement nuisent à la consommation locale, mais encore pèsent, par une voie indirecte, sur les pays producteurs, dont ils restreignent le chiffre d'affaires.

Pour Paris, centre principal de la consommation, ces

effets sont particulièrement sensibles. Aussi, est-il certain que si l'on y abaissait, dans une proportion quelque peu large, les droits sur les vins, en étendant cette mesure, notamment aux grands centres manufacturiers du Nord, on ne tarderait pas à voir la production vinicole recevoir de cette circonstance une nouvelle et puissante impulsion.

C'est à ce double point de vue que nous nous sommes placé pour demander la réforme que nous avons formulée.

CHAPITRE VII.

LA FERME VITICOLE.

Je rappellerai le but de cet ouvrage, c'est de montrer que la culture de la vigne est la seule, qui puisse donner à ma contrée une prospérité que les conditions générales de la culture rendent si difficiles dans les pays maigres. Avant d'exposer le régime, qui me paraissait le plus propre à donner des résultats fructueux, j'ai voulu d'abord rechercher quel pouvait être l'avenir de la denrée même qu'il s'agit de produire ; incidemment, j'en suis venu à examiner les causes qui gênent le développement de la consommation du vin. Cela intéressait à un très-haut point une question, qui est particulièrement à l'ordre du jour, celle de l'amélioration des conditions de l'existence des masses. L'usage du vin étant un élément très-négligé de l'hygiène privée des familles, il y a certainement là un progrès à réaliser, dans un intérêt social. Nous avons dit la part qui incombait à la législation dans la réforme, voyons à présent celle qui reste à la production.

Le sol du pays que j'habite est impropre, comme culture générale, à produire le blé. La vigne, au contraire, y prospère et donne de larges bénéfices ; malheureusement chaque propriétaire ne peut la cultiver que sur une très-petite échelle ; tous ces points ont été démontrés.

Comment sortir de cette impasse ?

Parce que 12 ou 15 hectares de vignes suffiront à dé-
penser toutes les forces vives d'une exploitation, faudra-
t-il se résigner, pour le reste des terres, à continuer une
culture sans profit ? Je crois qu'il est possible de parer à
ces difficultés.

La vigne convient au sol, c'est donc la vigne qu'il faut
cultiver, et cela dans le triple intérêt du propriétaire, du
colon et de la consommation en général.

Mais comment arrivera-t-on à étendre cette culture ?
— Par la division du travail et des exploitations. Je
m'explique :

Un propriétaire a, je suppose, une terre de 100 hectares, qu'il fait valoir personnellement.

Pour cultiver la vigne avec fruit, il ne pourra y consacrer qu'une superficie restreinte, vu la pénurie de ressources, que présente le pays.

Supposez maintenant ces cent hectares divisés en deux
propriétés et constituant deux ateliers de travail séparés,
avec un personnel et un outillage complets dans chacune ;
la même terre ainsi organisée comportera un vignoble de
superficie double.

Beaucoup de gens se refuseront à admettre le fait ;
c'est pourtant une chose fort réelle. La raison en est que
dans les pays maigres et peu peuplés, les cultures intensives et à haute main-d'œuvre ne sauraient, sous peine de
ruiner les gens, se faire sur de grandes étendues. Ailleurs
nous avons expliqué pourquoi.

Eh bien ! la division de la propriété en plusieurs corps
de fermes existe, en fait, dans le pays ; c'est donc le premier élément naturel de la division du travail appliqué à
la culture de la vigne.

Oui, le propriétaire, quelle que soit l'étendue de sa
terre, ne pourra personnellement cultiver fructueusement

que quelques hectares de vignes ; mais qui l'empêchera d'implanter cette culture dans chacun de ses domaines et d'affermer, suivant un régime quelconque, chaque domaine ainsi transformé ?

Là commence pour nous l'étude des bénéfices, qui pourraient résulter de la transformation en question.

Le premier point à examiner est de savoir ce que rapporte actuellement une ferme moyenne de ce pays.

Une ferme ordinaire de ma commune comprend de 60 à 70 hectares ; la culture comporte l'assolement triennal. Chaque année, le fermier ou métayer ensemence une quinzaine d'hectares en froment, seigle ou méteil, et autant en avoine ; le troisième tiers reste en jachère.

On voit, à ce simple aperçu, combien est vicieux, dans ma contrée, le régime de la culture.

Le sol est aride, l'humus rare. Au lieu de prendre ce sol à partie sur une petite surface ; de l'ouvrir profondément à l'aide de la charrue ; de ramener au contact de l'air extérieur les principes minéraux des couches souterraines ; au lieu de fertiliser ces principes avec le fumier gras des étables ; au lieu de mettre l'engrais en quantité suffisante pour forcer la terre d'être féconde, que font la plupart des cultivateurs de ce pays ? Ils s'imaginent que plus ils ensemenceront d'hectares, plus ils récolteront. Quand on opère sur un sol ingrat, il n'est pas possible de plus mal raisonner et de plus mal faire.

Aussi qu'arrive-t-il ?

Ils égratignent à peine la terre, ils disséminent leurs fumiers sur une grande superficie et n'obtiennent que de très-piètres résultats.

Une telle pratique compte, en effet, de nombreux inconvénients.

Ne disposant que de très-faibles moyens d'action, ils font beaucoup trop pour bien faire.

Outre qu'ils labourent mal et fument mal, le temps leur manque de plus, pour donner aux terres les façons en temps convenable, ce qui est un point capital ; il leur manque aussi pour ramasser et enfouir le fumier dans de bonnes conditions.

Un fumier desséché, qui aura été tour à tour lavé par les pluies et séché par le soleil, aura laissé évaporer tous ses principes ammoniacaux, et sera dès lors privé d'une partie de ses propriétés fécondantes.

C'est cet engrais, sans vertu, qu'ils mesurent d'une main avare à des champs sans humus. Comment s'étonner, après cela, que nos terres soient improductives ?

Un mauvais champ demande autant de travail qu'un champ fertile. Si donc, en reportant tout l'engrais dont on dispose sur une terre, on est capable de faire produire à un hectare ainsi fumé le même rendement que produiraient deux hectares n'ayant chacun qu'une demi-fumure, on aura avantage à restreindre sa culture à un seul hectare ; car il est de toute évidence que de cette façon non-seulement on économise la semence, mais on économise encore les façons du second hectare.

Que cette manière soit suivie par nos fermiers, et je ne doute pas qu'ils ne s'en trouvent bien. Qu'ils fassent moitié moins de terres, qu'ils y mettent tous leurs soins, qu'ils y emploient tout leur engrais, vraisemblablement, ils obtiendront les mêmes récoltes et ils auront du temps de reste pour vaquer à d'autres travaux en souffrance.

C'est, en définitive, le seul moyen rationel d'améliorer le fonds du sol et d'arriver par la suite à un rendement plus satisfaisant des terres.

Dans le cas contraire, c'est l'épuisement et la ruine

des domaines, ou, pour parler plus exactement, c'est la stérilité à l'état permanent sans cause possible d'amélioration.

C'est qu'en agriculture les choses sont liées entre elles par une étroite solidarité, et il n'est pas jusqu'à la plus petite opération, qui n'ait sa conséquence dans le résultat définitif d'une exploitation.

Ainsi l'exagération dans l'aménagement des surfaces livrées chaque année à la culture, a pour effet la médiocrité de la moisson, d'où résulte la pénurie des pailles, laquelle restreint l'élève du bétail, ce qui amène une limitation des ressources en engrais, et condamne par conséquent le domaine à un état perpétuellement précaire.

Changez les données ; supposez une situation favorable à l'origine ; les effets suivront leur déduction naturelle et se produiront en sens inverse.

Je ne dis pas que la culture arrivera nécessairement par cela même à être fructueuse. La culture céréale ne me paraît pas devoir atteindre ce résultat dans ce pays-ci ; du moins elle se montrera plus en état de lutter contre les difficultés, que nous avons signalées ailleurs.

J'avais besoin de prendre acte de ces faits pour reconstituer la ferme sur des bases nouvelles et plus avantageuses au propriétaire et au cultivateur.

Mon système peut, en effet, se résumer en ceci : 1° réduire la culture céréale en causant le moins de préjudice possible à la production, ce qui sera possible d'après les précédents développements ; 2° employer le temps resté libre à cultiver la vigne.

Maintenant pour mettre plus d'ordre dans la matière, je diviserai mon travail en quatre parties que voici :

1º Limites de la culture céréale dans la *ferme viticole.*
— Son assolement.

2º Limites de la culture de la vigne dans la dite ferme.
— Les ressources d'amendements.

3º Moyens d'exécution pour arriver à l'alliance des deux cultures.

4º Comparaison des revenus de la ferme transformée et de la ferme ancienne.

§ I. — LIMITES DE LA CULTURE CÉRÉALE DANS LA FERME
VITICOLE. — SON ASSOLEMENT.

C'est un principe admis en économie agricole que toute exploitation doit, autant que possible, produire les denrées nécessaires pour nourrir ses gens et ses bêtes de travail.

Dans toute culture, donc, les productions céréale et fourragère doivent avoir une certaine part.

Au surplus, quelque mauvais que soit un pays, il s'y rencontre toujours un certain nombre de terre douées d'une qualité passable. Ce sont les terres engraissées, par alluvion, du limon des terrains supérieurs ou celles, qui ayant été pendant de longues années l'objet d'une culture soignée, ont acquis à la longue une fertilité relative. Toutes les fermes possèdent quelques pièces dans ces conditions. C'est même l'existence de ce premier noyau qui sert, à l'origine, de point de départ et comme de prétexte au groupe de terres qui constitue par la suite chaque domaine.

Eh bien ! si le sol du pays en général ne convient pas

à la culture du blé, les champs privilégiés dont nous parlons, s'y prêtent du moins parfaitement bien et ne sauraient, à vrai dire, recevoir une destination meilleure.

La *ferme viticole* n'exclut donc pas la culture du blé ; mais comme cette culture demande un sol profond et que les bonnes terres ne sont chez nous qu'en minorité, la culture céréale aura la seconde place et celle de la vigne la première.

Nous savons d'ailleurs par avance combien l'alliance de ces deux cultures est féconde en bons résultats.

Mais dans quelles proportions s'exerceront-elles l'une et l'autre ?

Nous avons dit que la ferme-type de ce pays-ci comprenait de 60 à 70 hectares. Ceux-ci ont besoin d'être décomposés. Evidemment, on ne saurait rien dire d'absolu à cet égard. Cependant en général, 10 hectares sont en cours, jardins, noues, chenevières et prés ; 45 hectares environ de terres arables forment 3 soles triennales de 15 hectares chacune ; le reste des terres est en friche ou en bruyères et sert de pacage pour les moutons, qui, à défaut d'herbe épaisse à brouter, trouvent leur nourriture éparse sur un long parcours.

Selon notre observation de tout à l'heure, les 45 hectares de terres arables n'ont pas partout une qualité uniforme. Ils comprennent trois catégories : les terres relativement bonnes, celles médiocres et celles tout à fait ingrates.

A ces trois catégories correspondent le plus ordinairement trois natures de terre portant des dénominations distinctes, et que nous avons déjà nommées, ce sont : les *bournais*, les terres *calcaires* et les terres *perrucheuses* ou pierreuses.

L'ordre que nous venons de dire est habituellement

celui de leur mérite relatif pour la production céréale.
Les bournais occupent le premier rang, puis viennent les
terres calcaires ; c'est donc des bournais et à leur défaut
des terres calcaires que nous prendrons pour former
l'assolement dans la *ferme viticole*.

Les bournais sont des terres compactes, à fond d'argile, composés de sables fins, mêlés à des détritus organiques, qui leur donnent une couleur d'un brun foncé.
Ils occupent les parties basses et plates des terrains.
L'eau y séjourne facilement ; de là une humidité constante, qui favorise le développement des herbes parasites,
qui, en se décomposant, apportent sans cesse à l'humus
des éléments nouveaux. Ces sortes de terres sont d'un
labour malaisé dans la saison des pluies ; quand le fonds
est humide, elles se lèvent tout d'une pièce, en tranches
luisantes, sous le versoir, ne se défont point en retom-
bant, et durcissent promptement à l'air. On les appelle
terres froides ou terrres fortes et ont du reste des qualités
variables.

A côté des inconvénients signalés, elles offrent de
sérieux avantages. D'abord, elles ont plus de profondeur
d'humus qu'aucune autre, et par conséquent présentent
plus de ressources pour la formation des plantes. Ensuite,
durant les grandes sécheresses de l'été, elles conservent
mieux la fraîcheur de ces pluies bienfaisantes que les
cultivateurs attendent parfois des mois entiers, et que les
terres arides absorbent avec tant d'avidité.

En dehors des conditions, toujours exigées, de bonne
fumure, le point important pour obtenir de bonnes récoltes dans les bournais est de faire toutes les opérations qui
précèdent et accompagnent la couvraille, quand le sol est
parfaitement égouté et la terre parfaitement saine. Encore,
cela ne suffit-il pas ; même, une fois la terre emblavée,

il devient presque toujours nécessaire sur ce sol imperméable d'empêcher la stagnation des eaux au moyen de
rigoles, pratiquées dans le champ, et destinées à tenir
toute l'année le terrain dans un état convenable d'assai-
nissement.

Dans ces conditions, le blé vient fort bien dans les
bournais ; la vigne, au contraire, n'y prospérerait pas, à
cause de cette humidité permanente, qui fait le caractère
distinctif de ces sortes de terres.

A l'inverse des bournais, les terres calcaires sont
faciles à labourer, se laissent facilement pénétrer par les
pluies, sèchent vite et sont conséquemment avides d'humidité. La couche d'humus y est généralement moins
épaisse, cela, pour deux raisons : la première, c'est que
la nature même des terrains y rend la végétation moins
active, d'où une condition d'infériorité dans les causes
génératrices de l'humus ; la seconde, c'est que conformément aux lois géologiques, les roches calcaires occupent presque toujours des pentes plus ou moins inclinées,
ce qui fait que l'humus superficiel est plus soumis à
l'action érosive des eaux.

Par opposition aux bournais, les terres calcaires
s'appellent terres légères ou terres chaudes.

Quand le sous-sol est de calcaire pur, elles sont également propres aux cultures céréales et de la vigne ;
mais quand le sous-sol est argilo-calcaire, c'est-à-dire
marneux, les céréales semblent s'y plaire mieux, tandis
que la vigne y paraît devoir peu produire.

Quant aux *perruches*, elles sont toutes plus ou moins
impropres à la production du blé. Ce sont des terres à
sous-sol argileux, qui n'occupent que les parties hautes
et dont la surface, dénuée d'humus, est couverte de pierres
de formes diverses. En revanche, la vigne prospère sur

ces terrains, quand on les a préalablement rechargés de terre végétale.

Il serait d'ailleurs impossible de dire la proportion des terres de chaque qualité qui entrent dans la composition d'une ferme ; cela, comme de raison, est extrêmement variable.

Écartons, si l'on veut, toute distinction de classes et disons que nous prendrons vingt hectares parmi les meilleures terres, pour former le nouvel assolement. On verra tout à l'heure pourquoi ce chiffre vingt. Expliquons préalablement ce que c'est que l'assolement.

M. André Thouin le définit : « l'art de faire alterner les cultures sur le même terrain pour en tirer constamment le plus grand produit, aux moindres frais possible. »

A cet effet, on divise les terres du domaine en partie ou *soles* égales entre elles et au nombre des années de culture, de manière qu'au bout du cycle de rotation la même plante, tour à tour reçue sur les différentes soles, revienne sur la première.

Comme on le voit, l'avantage général qu'on retire des assolements c'est qu'en cultivant une espèce de plantes, on prépare la terre pour la culture qui doit suivre.

Un mot, maintenant, de la théorie.

Nous savons que certaines récoltes empruntant beaucoup à la terre épuisent promptement le sol ; nous savons aussi qu'un terrain qui, à la suite d'une culture continue, se refuse à la production d'une espèce déterminée de plantes, ne cesse pas pour cela d'être fertile pour d'autres espèces.

Le rapprochement de ces deux faits sert de base à la théorie des assolements.

« Faire circuler les produits sur la totalité des terrains, » voilà le principe.

Quant à la règle, elle se résume ainsi : coordonner l'alternance des plantes de telle sorte que la dernière ne prive pas le sol des substances nécessaires à celle qui doit venir après.

Le cycle de rotation a pour but de régler, à proprement parler, l'emprunt spécial des principes minéraux que les végétaux doivent annuellement faire à la terre. Or, ces principes minéraux varient suivant la composition même des plantes ; on comprend dès lors ce qui devra se produire dans l'assolement, où chaque nature de semence ne revient alternativement qu'au terme de la période de rotation : le soleil, l'air et les pluies, exerçant pendant un long laps de temps leur action continue sur les molécules minérales du sol, réussiront mieux à donner aux plantes, sous forme soluble et assimilable, les substances particulières, qui répondent aux besoins de leur constitution.

Les assolements se prêtent nécessairement à plusieurs sortes de combinaisons ; aucune n'a pourtant une supériorité absolue sur les autres. Tout dépend des terrains et des circonstances extérieures au milieu desquelles on opère. La nature des industries locales, les besoins particuliers de la contrée, le temps et les forces dont on dispose dans chaque exploitation, toutes ces choses peuvent avoir leur importance pour le choix d'un assolement et celui des cultures. C'est ainsi que l'insuffisance des bras, et les soins absorbants de la vigne vont nous imposer dans la *ferme viticole*, comme nous allons le voir, un régime spécial.

De tous les assolements, celui qui réunit généralement le plus de suffrages est l'assolement quadriennal. Il est disposé de la manière suivante :

Première année. — Racines fumées et bien labourées (navets ou pommes de terres) ;

Deuxième année. — Céréales d'hiver (orge, seigle ou

froment); au printemps, dans la céréale, trèfle qu'on coupe après la moisson ;

Troisième année. — Trèfle dont on obtient deux coupes, après quoi on l'enterre, on laboure et l'on sème une céréale ;

Quatrième année. — Céréales.

Dans plusieurs contrées, il est modifié de la manière suivante : 1° pommes de terre ; 2° avoine ; 3° trèfle ; 4° blé.

Ces deux combinaisons sont l'une et l'autre très-bonnes et seraient même applicables à ma contrée, à la charge pour le cultivateur d'acheter tous les ans une assez grande quantité de guano pour suppléer à la pénurie des engrais naturels.

Là n'est pas encore le principal obstacle. Ce qui en interdit la pratique à la *ferme viticole*, ce sont les soins continuels que demande la culture des tubercules et racines, et le temps énorme qu'on y passe. La culture de la vigne devenant la culture principale du domaine, et exigeant par elle-même un travail non interrompu, force est bien de simplifier le plus possible les autres cultures. C'est pour cela que je propose d'adopter l'assolement réglé comme suit :

Première année. — Céréales d'hiver bien fumées ;

Deuxième année. — Avoines de printemps et trèfle ;

Troisième année. — Croissance du trèfle, une coupe et pacage ;

Quatrième année. — On enterre la plante, on laboure et l'on sème une nouvelle céréale d'hiver.

Ceci explique pourquoi je prélève vingt hectares parmi les meilleures terres à blé ; ces vingt hectares permettent d'adopter l'assolement quadriennal et de composer des soles annuelles de cinq hectares chacune.

Dans la *ferme viticole*, l'assolement dont nous venons

de donner la combinaison, présente de grands avantages en ce sens que, établissant une grande économie de travail pour la culture ordinaire, il laisse beaucoup de temps de libre pour la culture de la vigne.

Notons que le blé, qui épuise particulièrement le sol, ne revient que tous les quatre ans. La terre se repose donc pendant ce temps, car la présence du trèfle, ne fait que l'améliorer, du moins d'après une opinion généralement répandue. A mon avis, toutefois, cet effet n'est pas aussi sensible qu'on veut bien le dire. Voici pourquoi : le trèfle jouit de la double propriété de prendre beaucoup à l'atmosphère et beaucoup au sous-sol. Il épuise dès lors le dessous pour enrichir le dessus. C'est même une des raisons qui font qu'il y a des inconvénients à le ramener trop souvent à la même place. Les tréflières où l'on prend deux coupes et dont on enfouit la troisième pousse ne devraient revenir que tous les six ou sept ans ; sinon on s'expose à voir les mauvaises herbes parasites envahir la sole. Dans l'assolement que j'ai indiqué plus haut, elles reviennent tous les trois ans ; mais je rappellerai qu'on n'y fait qu'une coupe et qu'elles sont surtout destinées à servir de lieu de pâture. Les inconvénients signalés sont donc moins à craindre. On fera bien, néanmoins, de remplacer quelquefois le trèfle par d'autres plantes artificielles, qui prospèrent également bien sur les terres de qualité moyenne. Je citerai entre autres la vesce et le sainfoin. Ce dernier pousse dans tous les terrains, pourvu qu'ils ne soient ni marécageux ni humides. C'est dire que les terres calcaires devront lui convenir particulièrement. Quant aux vesces, elles recherchent les terres fraîches, un peu argileuses. Ce sera au fermier à combiner ces différentes cultures, dans les limites de ses besoins de fourrages et aussi selon les nécessités du pacage.

La principale critique, qu'on fera contre ce système, sera de dire qu'il est dangereux de baser un assolement sur la culture des plantes artificielles dans un pays où la stérilité du sol est notoire.

On aurait parfaitement raison si l'assolement devait s'appliquer à la totalité des terrains ; mais on voudra bien remarquer que nous faisons un choix parmi les terres, et que les meilleures, seules, sont destinées à la culture céréale. On notera, en outre, ce fait important que, le bétail de la ferme restant le même, tous les fumiers qui se trouvaient répartis autrefois sur quinze hectares ne le seront plus, à l'avenir, que sur cinq ; c'est-à-dire sur une superficie trois fois moins grande. Dans ces conditions, la terre trouvera une fertilité qui la rendra propre à toutes les cultures.

J'ai posé comme point de départ que le bétail restait le même. Comme je réduis la culture céréale des deux tiers, beaucoup de personnes pourront ne pas s'expliquer comment la propriété, ainsi transformée, sera en état de nourrir et d'entretenir le même nombre de bétail. Le fait ne me semble pourtant pas douteux. D'abord, la superficie du domaine et par conséquent celle des prés, des noues, des pacages, restent la même. On dispose donc de la même quantité de fourrages naturels. Ce que l'on a en moins, ce sont des champs pour envoyer pâturer le bétail, une partie des terres de l'ancienne ferme recevant une destination nouvelle ; mais celles qui restent sont meilleures et mieux cultivées. Autrefois, ce n'étaient que des jachères avec une herbe rare, aujourd'hui ce sont des trèfles, des sainfoins, des vesces, qui donnent un fourrage abondant. Voilà pour la nourriture.

Quant à l'approvisionnement de la litière, si nous avons trois fois moins de terres ensemencées chaque année, il est probable que le rendement par hectare de ces terres, sera doublé, vu les conditions exceptionnellement favorables de la culture. Nous devrions donc avoir alors les deux tiers des pailles et chaumes qu'on obtient sous le régime actuel. Il y a là, j'en conviens, un déficit d'un tiers, qu'il est impossible de combler. Mais, je ferai remarquer que dans les fermes du pays, ce n'est pas la litière qui fait défaut pour augmenter le nombre du bétail, ce sont bien plutôt les fourrages pour passer l'hiver. Il en résulte que les domaines n'ont généralement pas les bestiaux qu'ils pourraient avoir. Le déficit d'un tiers, que j'ai constaté dans la production des pailles, permettra encore à la ferme viticole, j'en ai la conviction, de conserver le nombre habituel du bétail, si on admet, ce qui me paraît démontré, qu'elle a de quoi le nourrir. Ainsi, dans la composition du fumier des étables, la quantité d'engrais animal restera la même ; seule, la quantité d'engrais végétal sera diminuée d'un tiers. On aura d'ailleurs la ressource, si l'on veut, de remplacer le déficit en paille et chaume, par des substances ligneuses telles que la bruyère, l'ajonc et la fougère, qu'on se procure si facilement dans la contrée ; mais qu'on ait recours ou non à cet expédient, je n'en penche pas moins à croire que si l'on choisit vingt hectares parmi les meilleures terres ; si l'on adopte l'assolement quadriennal, plus favorable à la production que l'assolement triennal présentement en usage ; si, enfin, on applique à chaque sole de cinq hectares tout le fumier produit, au lieu de l'éparpiller sur une superficie trois fois plus grande et d'une qualité moyenne évidemment bien inférieure, je n'en penche pas moins à croire, dis-je, que le rendement par hectare devra être facilement doublé. Je n'en veux d'autre preuve que ce fait souvent remarqué par moi, à savoir que chez tous les propriétaires qui font peu de terres et qui les font bien, la moyenne du rendement est toujours près du double de la moyenne obtenue dans les fermes, bien que la quantité d'engrais dont ils disposent soit dans une proportion moins favorable que dans l'hypothèse de notre *ferme viticole*.

Assurément, il serait impossible, quelque soin qu'on mette à la culture, de doubler la production par hectare, si cette production constituait déjà par elle-même un rendement élevé. Mais qu'on veuille bien se souvenir que, dans ma commune, le rendement par hectare, en froment, n'est guère que de 9 hectolitres au lieu de 14 ou 15 hectolitres, qui forment la moyenne de la France. Encore est-il important de noter que le chiffre approximatif de 9 hectolitres n'est obtenu que par la fusion de deux rendements, dont l'un est bien plus élevé que l'autre : celui des domaines privés et celui des fermes et métairies. Si l'on ne s'occupait que du rendement de ces dernières, j'ai la conviction, par mes remarques personnelles, qu'on atteindrait à peine le chiffre de 8 hectolitres. Ce n'est donc pas trop s'avancer que de prétendre qu'en triant les terres les plus favorables à la culture, on devrait arriver, par une riche fumure, au rendement de 16 hectolitres à l'hectare. Après plusieurs années de ce régime, nul doute encore que les terres régénérées par les engrais ne fussent plus en état que jamais de répondre aux espérances que nous formulons.

Maintenant, j'ai à répondre à deux critiques que j'ai adressées à ce pays-ci. Que les réformes qu'elles appellent s'accomplissent, et la production, à coup sûr, y gagnera.

La première de ces critiques a trait à la qualité des fumiers, dont on fait usage. J'ai dit que les fumiers, au moment où on les employait, avaient perdu par avance une partie de leurs qualités fertilisantes.

Cela est vrai et malheureux.

Au lieu de laisser les fumiers traîner épars dans la cour, comme cela arrive beaucoup trop souvent, les fermiers devraient avoir le soin de les ramasser au fur et à mesure de la sortie des étables. Le fumier long, quoique d'un effet moins immédiat, valant toujours mieux que le fumier pourri et court, le plus avantageux serait certainement de les employer de suite. Cependant, dans la pratique, il n'en saurait toujours être ainsi. Dans la plupart des cas, il faut garder les fumiers jusqu'à l'époque où l'on ensemence. Dans les grandes exploitations flamandes, on les installe sous des hangards pour les préserver des pluies, qui ont pour effet d'extraire tous leurs sels utiles. Ce moyen étant trop coûteux pour nos fermes, je propose simplement de les mettre d'abord sur un bon lit de terre ou de marne. Cette masse spongieuse reçoit les égouts et rien ne s'échappe. Ce qui est bon pour le dessous est bon pour le dessus. Un fumier couvert ne rend que très-peu de purin par le bas ; un fumier découvert en rend au contraire beaucoup, et d'autant plus que les pluies ont été plus abondantes. Donc, après avoir posé le premier lit, on fera bien ensuite de mettre toujours une légère couche de marne entre les différentes couches de fumier dont se compose le tas principal. Les terres froides, dans notre assolement, formant la majeure partie des terres de chaque sole, ces marnes, à défaut de chaux, ne pourront d'ailleurs qu'ameublir et fertiliser le fonds.

L'utilité de ces différentes pratiques est reconnue de longue date, je dirai même que tous les bons cultivateurs les appliquent. Malheureusement beaucoup de fermiers les négligent, tout en les connaissant, parce que faisant une culture beaucoup trop étendue pour les forces dont ils disposent, ils manquent de temps pour les travaux subsidiaires, tels que ceux consistant : à ramasser les fumiers, marner les cours, remonter les terres des parties basses, etc., etc.

Dans la *ferme viticole*, la réduction de la culture céréale, malgré le temps employé à la vigne, devra permettre encore, ce nous semble, de ne point laisser de côté cet ensemble de mesures utiles, qui assurent parfois, à elles seules, la réussite d'une exploitation.

J'arrive maintenant à ma seconde critique, qui regarde le labourage.

La première condition pour améliorer le sol, pour le maintenir même dans son état normal de fertilité, c'est de lui donner des labours fréquents et profonds. Les premières années, les effets ne s'en font peut-être pas sentir; mais, à la longue, la terre ramenée à la surface par la charrue, sera modifiée par la double influence de l'air et du soleil, et deviendra propre à nourrir les plantes. Labourer superficiellement, c'est donc condamner la couche supérieure des terrains à faire seule les frais de la production, quand les couches inférieures devraient y apporter une part contributive.

Toutefois, il faut distinguer : un labour profond sera surtout utile quand on hâtera la fertilisation des éléments minéraux du sous-sol par l'adjonction, en quantité suffisante, de matières putrescibles, telles que celles renfermées dans le fumier ordinaire. Au contraire, si l'on se contente de ramener à la surface les couches inférieures et toujours stériles du sol, sans les fortifier par une fumure énergique, non-seulement de tels labours n'amélioreront pas la production, mais encore ils lui nuiront dans une certaine mesure, au début.

C'est sans doute après avoir constaté ce fait que nos fermiers qui disposent d'une si faible quantité d'engrais, ont cessé de s'appliquer à ouvrir profondément leurs sillons.

Deux autres causes, l'une générale, l'autre particulière à certaines fermes seulement, empêchent le labourage d'être ce qu'il pourrait être.

La cause générale est toujours la même, l'étendue démesurée des sols, par rapport à la somme des forces d'action que l'on possède. On fait légèrement ce que l'on fait sur une trop grande échelle. — La qualité souffre nécessairement de la quantité. Dans notre projet de *ferme viticole*, ce vice de la culture disparaît par cela seul que nous réduisons les terres de l'assolement.

La cause particulière à certaines fermes seulement est puisée à un autre ordre de faits. Dans le pays, les gages des garçons de ferme sont si élevés, l'industrie agricole donne de si tristes résultats que les fermiers, dans l'impossibilité de payer de 100 écus à 400 francs de bons laboureurs, se résignent à prendre de tous jeunes gens, qui débutent dans l'art du labourage et qui nécessairement n'apportent pas à cette opération toute la perfection désirable. Telle que nous organisons la ferme nouvelle avec ses deux natures de culture, nous pensons que dans l'ensemble de l'exploitation, elle devra donner assez de beaux profits pour que le fermier ne se trouve pas arrêté par un obstacle de ce genre. — En effet, une fois que le nombre du personnel est fixé pour la culture d'un domaine, la première condition, pour assurer un fonctionnement régulier, c'est de mettre à chaque poste des sujets capables de bien tenir leur emploi. C'est à ce prix seul qu'une réforme est possible.

Je résume ce paragraphe :

Je réduis la culture céréale dans la proportion de 15 à 5.

— Je conserve néanmoins le même nombre de bétail. — Je fume plus et je fume mieux, en ce sens que j'améliore la qualité des fumiers en leur donnant tous les soins qu'ils exigent ; enfin, pour les opérations de la manœuvre de la terre, le labourage, le hersage, etc., j'applique, sur une petite superficie, tous les perfectionnements de culture qu'une superficie plus grande rendrait impossible. — Le reste du temps je le consacre à la vigne.

§ II. — LIMITES DE LA CULTURE DE LA VIGNE DANS LA *Ferme viticole.* — LES AMENDEMENTS.

Étant donnés un domaine de 60 à 70 hectares et un personnel fixe de trois hommes, une maîtresse fermière et deux gardes bestiaux, qui composent le personnel habituel des fermes de ce pays-ci, il s'agissait de combiner les deux cultures céréale et de la vigne, de manière que les 60 ou 70 hectares trouvassent leur emploi le plus utile.

En principe, à cause de la nature même des terrains, la viticulture devait avoir la plus grande part dans l'exploitation ; l'autre culture ne devait être que subsidiaire. Nous avons, en effet, démontré que par suite de la cherté de la main-d'œuvre, il devenait nécessaire aujourd'hui de recourir aux procédés économiques de la culture des vignes à la charrue. Or, pour cela, en vertu du principe qui veut que chaque propriété alimente son personnel elle-même, il fallait pourvoir à l'entretien de deux chevaux, au moins, et à la nourriture des gens de la ferme. A cet effet, 5 hectares devaient être annuellement ensemencés en froment, et 5 en avoine. Comme d'ailleurs, l'assolement quadriennal, nous paraissait le mieux convenir de tous, c'étaient, en fin de compte, 20 hectares parmi les meilleurs, qu'il nous fallait prélever sur l'ensemble de terres arables qui composent notre ferme.

Cela posé, de ces terres arables, il nous reste de 30 à 40 hectares. Les emploierons-nous tous à planter des vignes? Non ; quelque méthode économique qu'on adopte, trois hommes et deux chevaux ne suffiraient jamais à cultiver un vignoble si vaste et encore moins à l'amender.

D'après les notes que m'a fournies mon expérience personnelle, 10 hectares plantés de la façon que j'expliquerai au chapitre suivant, devront occuper toute l'année, avec la culture céréale, deux vignerons et un laboureur, sauf le cas où une aide est réclamée pour certaines natures de travaux.

Ces 10 hectares seront pris sur les coteaux *perrucheux* les mieux exposés et les plus rapprochés du centre d'exploitation. Quant aux hectares qui resteront, nous allons leur trouver une destination spéciale, qui aura pour but de les faire concourir, presque sans frais, à la prospérité même du vignoble. — Je veux parler de la culture de l'ajonc marin, qui est pour la vigne un des engrais végétaux les plus fertilisants, et qui jouit d'ailleurs de l'heureux privilége de pousser dans les terrains les plus ingrats. Les lieux arides et secs lui conviennent, pourvu que leur sous-sol soit argileux.

Comme pour toutes les plantes vivaces, l'humus joue un rôle moins nécessaire dans le développement de cet arbrisseau que pour les plantes annuelles. Les racines de l'ajonc vont chercher les principes qui le constituent dans les couches souterraines du sol, et l'atmosphère, **de son** côté, lui fournit beaucoup d'éléments. Une des bases de sa composition chimique est la potasse, qui entre aussi, sous forme de tartrate de potasse dans la composition de la pulpe du raisin. C'est à cette connexité, que l'ajonc marin doit, en partie, sa vertu comme engrais fertilisant pour la vigne.

A un point de vue plus général, il semble que la nature ait destiné certains végétaux à servir d'aliments à d'autres plantes plus particulièrement utiles à l'homme. En principe, chaque plante se nourrit de sa propre dépouille; les différentes espèces s'accommodent même de leurs débris mieux que de tous autres. C'est ainsi que les pailles, par exemple, comme engrais végétal, conviennent spécialement aux céréales et les marcs de raisin aux vignes.

Toutefois la vigne, comme tous les arbres à fruits, se trouve, pour produire, dans une condition moins favorable que certaines plantes.

Ainsi les céréales, plantes annuelles, bénéficient de l'art des assollements, qui, réglant les emprunts faits à la terre, ne ramène chaque espèce sur un champ, que lorsque le sol a pu reconstituer les éléments utiles.

La vigne, elle, ne saurait se prêter à des alternances de culture; quand elle occupe le sol, elle l'occupe pour longtemps; il lui fallait donc une compensation pour que la source de sa fécondité ne se trouvât pas promptement tarie. Cette compensation réside dans l'existence d'aliments végétaux, qui lui apportent certains sucs particuliers puisés à d'autres sols.

La nature prévoyante a voulu même que les différentes plantes qui servent d'engrais à la vigne, vinssent sous le même climat et dans les mêmes terrains que celle-ci. L'ajonc marin, avons-nous dit, occupe le premier rang.

On le sème au printemps dans une avoine clairé et sur fonds argileux. Il ne demande aucun frais de culture. Il pousse lentement d'abord, puis vigoureusement ensuite ; ce n'est qu'à la quatrième année qu'il a atteint tout son développement, et qu'on le coupe. Une fois la souche formée, l'ajonc marin recépé se reproduit de lui-même et peut donner lieu à des coupes réglées, qui reviennent tous les trois ans.

Qui de nous n'a remarqué sa robuste végétation sur ces bords de fossé, où il forme des clôtures impénétrables ! Là il ne trouve pourtant, pour se développer, que les éléments arides extraits des entrailles du sol. Quand il se cultive en plaine sur une terre argileuse, recouverte d'une légère couche d'humus, il croît avec plus de rapidité et plus de puissance encore.

L'ajonc marin est donc une richesse pour les pays pauvres, surtout pour ceux où il existe des vignes.

Dans toute la contrée vignoble de la côte du Cher, cet engrais végétal est fort recherché. Aussi, à cause de ses propriétés fertilisantes, est-il cultivé en grand sur des terres, que leur peu d'humus rend impropres à la culture des céréales, et, chose extraordinaire, il y donne un revenu supérieur à celui des terres à blé.

Dans la *ferme viticole*, vingt hectares pourront être consacrés à la culture de l'ajonc marin. Ces vingt hectares, mis en coupes réglées, de 4 ans au lieu de 3, donneraient une coupe annuelle de 5 hectares, qui, appliquée à la fumure de 2 hectares et demi de vignes, entretiendront le vignoble dans un état de remarquable fertilité.

Quand aux autres terres, qui pourraient rester, elles serviront soit de lieux de parcours pour les moutons, dans le cas où la stérilité du sol ne se prêterait pas à ce qu'on les transformât, soit, de pacage pour le gros bétail dans le cas où leur qualité permettrait de les substituer pendant quelques années à certaines terres du principal assolement, lesquelles se reposeraient alors en prairies.

J'en renviens à l'ajonc marin, et au parti qu'on en peut tirer.

Nous avons dit, que la vigne n'atteignait l'âge adulte, c'est-à-dire l'époque de son rendement normal, qu'à la quatrième année révolue. Il y a là une coincidence exacte avec la période de développement de l'ajonc marin. Le semis de cette plante et la création du vignoble devront donc marcher parallèlement. De cette manière, l'aménagement des coupes se réglera sur les besoins d'amendements qui se font sentir aussi, eux, périodiquement. Disons néanmoins que le mieux, si faire se pouvait, serait que le semis d'ajonc marin fût en avance de quatre années sur la plantation des vgnes pour que la première coupe pût précisément être enfouie au pieds des ceps, au moment même de cette plantation.

Reste à régler le mode d'emploi de l'engrais.

L'ajonc doit-il être enfoui encore vert? Faut-il, au contraire, avant de l'employer, le faire pourrir et consommer? Sur ce sujet, les opinions sont divergentes. L'usage le plus répandu toutefois, est d'étendre l'ajonc dans la cour de la ferme ou dans les chemins, de le laisser là s'imprégner des jus de fumier et autres, et de ne l'employer que lorsqu'il est entièrement décomposé.

Pour moi, il me semble que de laisser cette décomposition s'opérer dans le sein de la terre, doit être le moyen le plus sûr de retirer de l'engrais tout son effet utile. La fertilité du sol en sera peut-être moins immédiate, mais elle sera certainement plus durable. L'ajonc enfoui joue un double rôle, l'un mécanique, qui est d'ameublir la

10

terre, et l'autre chimique, qui est d'agir sur les molécules minérales du sol, par les principes qui se dégagent de la décomposition. Il est évident que quand il s'agit de l'enfouissement de l'engrais vert, ces deux effets doivent être l'un et l'autre plus complets.

A la vérité, il est plus coûteux d'enfouir un engrais vert, qu'un engrais consommé et conséquemment de volume réduit. D'un autre coté, en n'étendant point l'ajonc dans les cours, on perd l'occasion d'utiliser par l'imprégnation, les égouts des fumiers.

Il est donc difficile de déclarer un mode d'emploi préférable à un autre. Cela est laissé à l'appréciation des personnes. Ce qu'il était en définitive important de constater, c'étaient les ressources d'engrais que présentera la *ferme viticole*. Nous pensons que sous ce rapport l'organisation nouvelle établit une situation exceptionnellement favorable.

L'ajonc marin n'est pas assurément le seul engrais végétal qui convienne à la vigne. En général, toutes les matières ligneuses sont favorables à la production vinicole : les bruyères, les ramilles de sapin, les broussailles et surtout les sarments. Elles contiennent, en effet, sans exception, de la potasse dans une forte proportion. Ces différentes sortes de produits se rencontrent dans le pays et il ne tiendra qu'au fermier-vigneron de se les procurer.

Quant aux engrais animaux, tels que les fumiers de ferme, les rognures de cuir, les débris de cornes, les crins, les poils, etc., je n'en parlerai pas, par la raison qu'ils ne forment pas les ressources courantes du pays. Le fumier est le seul que nous pourrions employer, mais nous lui trouvons une destination meilleure dans la culture céréale. Là effectivement, il ne saurait être remplacé par rien ; pour la vigne, au contraire, on y supplée par les engrais végétaux et les amendements minéraux. J'ai signalé les premiers ; j'arrive maintenant aux seconds.

Après le marc de raisin qui est l'engrais le plus délicat de tous, et dont on se sert exclusivement pour fumer les grands clos, rien ne règle aussi bien la végétation de la vigne, et ne conserve mieux la saveur particulière des crus, que l'amendement minéral.

Les terreaux ont sur l'abondance de la récolte une influence moins active que les engrais, mais ils présentent l'avantage de ne point affecter la qualité des produits. Les engrais eux, au contraire, affectent celle-ci. Le fumier, par exemple, qui exerce l'action la plus fertilisante, a cet inconvénient. Je sais que ce point est contesté par certaines personnes ; M. Guyot, entre autres, le dénie. Quelque compétente que soit son opinion, il me semble que les faits la condamnent. En effet, il est à peu près admis par tout le monde, que les engrais donnent une saveur particulière aux plantes, qui en vivent. C'est ainsi que le pain possède toujours, bien que l'habitude nous empêche de nous en apercevoir, le goût éloigné de l'engrais, qui a donné naissance au blé dont on l'a tiré. Le vin ne doit pas échapper à cette loi générale. Aussi remarque-t-on, et ceci a particulièrement son poids dans l'espèce, que les vignes du bord de l'Océan, que l'on fume avec des algues marines, produisent des vins tellement âcres qu'on les emploie exclusivement à faire des vinaigres. Si donc, vous activez la production de la vigne, par un dépôt quelque peu abondant de fumier, il est probable que la saveur du fruit se trouvera altérée, d'abord, par la raison que je viens de dire et aussi, parce que c'est une règle commune à toutes les plantes que l'abondance de la récolte nuit à la qualité des produits. Cette opinion est du reste le plus généralement acceptée.

Il ne faudrait cependant pas exagérer le principe, et dire qu'on ne doit dans aucun cas employer le fumier dans les vignes. Pour les crus d'ordre inférieur, comme les nôtres, les inconvénients que nous avons signalés perdent, du reste, de leur importance ; et si nous n'usons pas plus fréquemment de cet engrais précieux, c'est surtout qu'il nous fait défaut. Néanmoins, de quelque intérêt qu'il soit de le conserver pour la culture céréale, il est certaines natures de cépages, plus particulièrement absorbantes, qui réclament, pour réussir, l'emploi du fumier pur ou mélangé. Je citerai notamment le gros noir ou *teinturier*, auquel nous devons en grande partie la qualité marchande de nos vins.

En résumé, nous tenions à constater que sans le secours des engrais, les amendements ordinaires, en assurant une qualité supérieure des produits, réussissaient encore à stimuler assez la vigne pour lui faire produire de bonnes et très-suffisantes récoltes.

Ces amendements sont : la terre végétale, les peloux, les palus, les sables siliceux, et les marnes calcaires. Le mieux est d'en faire un compost. Il est rare que les terres n'aient pas besoin de se mûrir et de s'aérer en tas, pendant plusieurs mois, et souvent une année entière ; on profite de cette circonstance pour les mélanger dans des proportions variées. Si l'on peut y ajouter certaines matières végétales, telles que des feuilles sèches, des joncs ou des bruyères, le compost n'en devient que plus fertile.

Quand les amendements doivent être employés séparément, la règle qui préside alors à leur emploi, se formule par ces mots : *contraria contrariis*, les contraires aux contraires, ce qui veut dire que les terrains demandent des amendements présentant des conditions physiologiques différentes de celles qu'ils présentent eux-mêmes. Ainsi, des vignes calcaires veulent des amendements siliceux, et réciproquement les vignes siliceuses, exigent des marnes calcaires. Plus généralement, un sol compacte réclamera un terreau léger, et *vice versa*, un terrain sableux s'accommodera mieux d'une terre compacte.

Nous avons précisément çà et là dans la contrée, des carrières de pierre marneuse qui se délite facilement à la gelée, et qui sans être aussi bonne que la marne proprement dite, peut la remplacer pourtant utilement. Comme la plupart de nos vignes devront être établies sur des terrains *perrucheux*, c'est-à-dire sur un sol compacte, à fond d'argile, il s'ensuit que les marnes et terres marneuses leur conviendront particulièrement. Les carrières dont je parlais tout-à-l'heure, seront donc d'un grand secours pour amender.

J'ai laissé pour la fin un amendement qui, après le fumier, est certainement le plus fécond en bons résultats ; j'ai nommé le terreau de route.

Tout le monde sait que chaque année, habituellement en automne, les cantonniers pèlent les bords des routes pour faciliter l'écoulement des eaux. Les terreaux, qui en sortent, sont formés d'herbes décomposées et de sables fins provenant des cailloux broyés, le tout arrosé par les égouts de la voie. Rien ne saurait donner une idée de la fertilité que ces sortes d'amendements donnent à la terre. Les effets s'en font sentir plusieurs années. Malheureusement ces ressources ont une limite forcée et ne profitent qu'à un petit nombre de personnes. Je ne les ai relatées ici que pour mémoire.

Au total, *la ferme viticole* trouve sur elle-même, tant en engrais végétaux, qu'en amendements proprement dits de quoi amender convenablement ses 10 hectares de vignes. Il s'agit d'apprécier maintenant, quel devra être le rendement par hectare du vignoble ainsi organisé. Je n'envisage du reste, ici, que le produit brut ; je m'occuperai plus tard, et de l'installation du vignoble, et des dépenses de culture.

Le rendement des vignes est extrêmement variable ; il est subordonné au plus ou au moins de soins dont la culture est l'objet, et beaucoup aussi à la nature des cépages. Les propriétaires vignerons qui ne possèdent que quelques arpents, et qui fument abondamment, atteignent une moyenne nécessairement plus élevée que celle obtenue dans les grandes exploitations. Aussi, est-il vrai de dire que chaque propriété a, en définitive, son rendement propre.

Pour apprécier ce que devront produire les 10 hectares de vignes de notre *ferme viticole*, il ne serait donc pas exact de nous baser, même sur le chiffre moyen des rendements du pays. En adoptant ce chiffre, nous courrions le risque de rester en deçà de la vérité. Dans notre organisation, la culture des vignes présente, en effet, des conditions exceptionnellement favorables. C'est à ces conditions qu'il nous semble logique de nous en référer d'abord, pour arriver à une approximation du rendement. Eh bien ! à cause des facilités d'amender dont il vient d'être parlé dans le présent paragraphe, je ne crains pas de fixer à quinze pièces de vin, soit, trente-sept hectolitres et demi le rendement moyen annuel par hectare du vignoble de la *ferme viticole*. Ce chiffre, certainement trop élevé pour l'ensemble des vignes du pays, n'excède pas de beaucoup celui qu'on obtient dans certaines exploitations où la vigne est cultivée à la charrue, et qui se rapprochent par leur organisation du système de culture, dont j'étudie le projet.

Le vignoble que j'ai planté est encore de date trop récente, pour que je puisse produire des chiffres concluants ; cependant, ainsi que je l'ai dit, mes plus anciennes vignes, depuis qu'elles sont en plein rapport, ont donné en moyenne jusqu'ici un rendement annuel de trente-sept hectolitres et demi à l'hectare. Si mon expérience est incomplète, je puis du moins, m'autoriser des résultats qui ont été obtenus dans mon voisinage.

A trois kilomètres de ma propriété, M. Bisson, propriétaire à la Chêveraye, a eu l'idée, il y a seize ou dix-sept ans, de planter pour être cultivés à la charrue, 10 hectares de vignes, environ, sur une bruyère inculte. Un seul cheval et deux hommes lui ont suffi, depuis ce temps, pour cultiver et amender son clos. Il est vrai que personnellement, il apporte à la direction des travaux une intelligence parfaite de la culture de la vigne et de ses besoins. Les résultats qu'il a obtenus sont fort remarquables. Je les ai consignés sur le petit tableau suivant, d'après les indications qu'il a eu l'obligeance de me communiquer.

ANNÉES.	NOMBRE des pièces récoltées.	PRIX de vente.
1855..................	22	135 fr.
1856..................	56	115
1857..................	138	75
1858..................	145	58
1859..................	115	100
1860..................	162	52
1861..................	récolte détruite par la grêle.	
1862..................	67	70

ANNÉES.	NOMBRE des pièces récoltées.	PRIX de vente.
1863	85	52
1864	112	52
1865	150	46
1866	222	46

D'après ce tableau, en supprimant les deux premières années, où les vignes n'étaient pas encore en rapport, le rendement par hectare ressort en moyenne à treize pièces et demi, soit 33 hectolitres 1/4. Mais si nous remarquons que la grêle de 1861 a affecté indirectement les deux années de 1862 et 1863, nous sommes autorisé à croire que, sans cet accident, la moyenne de 37 hectolitres 1/2 à l'hectare, eût pu être atteinte. Quoi qu'il en soit, les ressources particulières d'engrais que la culture de l'ajonc marin nous procure dans la *ferme viticole*, ne devraient pas rendre illusoire le rendement de quinze pièces à l'hectare que nous avons adopté (1).

Quant au prix du vin, si nous consultons le tableau ci-dessus, nous trouvons un prix moyen de 63 fr. pour les 9 années seulement, que nous avons fait entrer dans notre moyenne. Ce chiffre est assurément trop élevé à cause des circonstances particulières que nous avons déjà eu l'occasion de signaler. En portant à 40 fr., pour l'avenir, le prix des 2 hectolitres 1/2 de vin non logé, je suis con-

_____

(1) Ainsi qu'on en pourra juger par le tableau suivant, dressé par M. Rouet, président de la société Vinicole de Saint-Aignan, mes estimations ne s'éloignent pas beaucoup des chiffres portés dans les documents statistiques qu'il a recueillis dans les 14 communes du

vaincu, par contre, qu'on ne doit encourir aucun reproche d'exagération.

Je n'ai parlé jusqu'à présent ni des cépages, ni du mode
de plantation des vignes, ni des procédés économiques de
culture. Je réserve ces développements qui feraient lon-
gueur ici, pour un autre chapitre. Je constaterai seulement
ce fait que sur de grands espaces, les vignes plantées claires,
en vue d'être cultivées à la charrue, produisent autant que
celles plantées à rangs serrés. En d'autres termes, pour
les vignes de ce pays-ci, qui ne sont pas appelées à recevoir une fumure exceptionnelle, le nombre des ceps, par

canton vignoble le plus voisin de celui où est placée ma commune.
Ge tableau relate les chiffres de la récolte de 1865, qui a été une
année moyenne.

COMMUNES DU CANTON DE	NOMBRE d'hectares cultivés.	PRODUIT moyen à l'hectare.	PRODUIT moyen d'hectolitres	PRIX de l'hectolitre.	SOMME totale en argent.
Saint-Aignan..........	210	40	8,400	20	168,000
Thésée...............	500	25	12,500	24	300,000
Couffy...............	143	32/5	4,647	5/20	92,850
Meunes	105	50	5,250	18	94,500
Châteauvieux..........	182	22/5	3,995	20	79,900
Chemery.............	101	22/5	2,272	5/18	30,905
Noyers...............	490	40	19,600	19	372,400
Saint-Romain	220	32/5	7,150	16	71,500
Choussy.............	36	40	1,440	16	22,040
Pouillé..............	155	35	5,425	20	108,500
Mareuil.............	250	32/5	8,125	20	162,500
Seigy...............	354	25	8,850	20	177,000
Chatillon-sur-Cher	500	32/5	16,250	19	308,750
Mehers..............	27	37	999	16	15,984

hectare, n'a pas une influence appréciable sur l'importance de la récolte. La raison, on le devine, c'est qu'un cep, qui s'étend à l'aise, produit toujours en proportion de l'espace qui lui est laissé pour se nourrir. Ceci, par exemple, cesse d'être exact pour les vignes que l'on comble chaque année, de fumier et de terreau. 10,000 ceps plantés sur un hectare produiront alors nécessairement plus que ne le feraient 2,000 (1); mais notre première assertion est absolument vraie pour les conditions d'ensemble, où se trouve placé le vignoble de la *Ferme viticole*.

§ III. — MOYENS D'EXÉCUTIONS POUR ARRIVER A L'ALLIANCE DE LA CULTURE CÉRÉALE ET DE LA CULTURE DE LA VIGNE.

Les limites de ces deux cultures une fois tracées, nous découvrons mieux le champ que nous avons à parcourir. Les difficultés sont de plus d'un genre. D'abord, il faut créer les vignes, puis construire des caves, enfin établir un pressoir et l'outiller.

Ce n'est pas tout. Il nous reste encore à chercher un

---

(1) M. Guyot, dans son traité de viticulture, estime qu'une vigne plantée à raison de 10,000 pieds à l'hectare doit donner 80 hectolitres de vin d'une valeur brute moyenne de 20 francs l'hectolitre pour toute la France. Il suppose il est vrai, une dépense de 20,000 kilogrammes de fumier par année sur un sol sans profondeur, comme est le nôtre. C'est là une culture intensive que nos faibles ressources d'engrais mettent hors de notre portée, du moins sur une superficie de quelque importance.

régime transitoire qui sauvegarde dans une juste mesure, en réglant les parts, les intérêts du propriétaire et ceux du colon, jusqu'au jour où le vignoble aura atteint l'âge adulte.

Prenons donc l'opération *ab ovo*.

Voici une ferme de 60 hectares, je suppose, que nous voulons transformer selon le mode qui vient d'être indiqué; comment nous y prendrons-nous?

Généralement, il sera bon, si cela se peut, que la transformation soit préparée trois ans à l'avance, pendant lesquels la ferme continuera d'ailleurs à se gouverner comme par le passé.

Cette mesure est commandée par la nécessité de ne pas surcharger de travaux le personnel du domaine, le jour où il s'agira de planter les vignes, et de se créer d'autre part des ressources pour cette même plantation.

Nous avons dit que l'ajonc marin devait être cultivé sur une superficie de 20 hectares. Eh bien! nous trouvons dans les dispositions de l'ancien assolement l'occasion de faire ce semis presque sans frais et dans un temps convenable, pour qu'il fournisse, quand besoin sera, un amendement précieux.

Rappelons qu'on ensemence annuellement dans les fermes du pays environ 15 hectares en blé et 15 hectares en avoine. Ces 15 hectares, l'année d'après, restent en jachères. Quand viendra le tour de l'avoine, on sèmera donc dans celle-ci de la graine d'ajonc marin, non pas sur la sole entière, mais sur 7 hectares seulement, pris parmi ceux qui doivent être exclus finalement des cultures céréale et de la vigne. En opérant ainsi, pendant les trois dernières années du bail, quand celui-ci prendra sa fin, on se trouvera nécessairement avoir une vingtaine d'hectares d'ajoncs marins tout venus, divisés en trois lots, ayant chacun leur âge propre. Le lot le plus ancien pourrait déjà donner une première coupe, qui constitue-rait une ressource précieuse pour la plantation des vignes.

Voyons maintenant les obstacles : si les anciens fer-miers restent dans le domaine, point de difficultés ; si, au contraire, ils sortent, il y aura lieu d'examiner, sui-vant quel arrangement amiable, ils devront faire le semis d'ajoncs, dont ils ne doivent pas profiter. A la vérité, on ne saurait être assuré de leur bon vouloir ; mais, en réglant équitablement l'indemnité qui leur est due pour le trouble apporté à leur culture, il n'est pas impossible d'arriver à un résultat.

Sur quoi devra donc porter l'indemnité ? Sur les dé-penses relatives au semis d'ajoncs d'abord, et ensuite sur le fait de la réduction de la sole cultivable qui en résulte pour le fermier à sa sortie.

Pour bien comprendre ce dernier point, il faut savoir que le fermier qui quitte un domaine doit avoir pour lui, à la maturité des fruits, tout ou partie, selon la nature du bail, des blés d'hiver qu'il laisse en terre. Si donc, comme nous l'avons dit, et pour complaire à son maître, il sème d'ajoncs 7 hectares environ sur 15 de la sole d'avoine, trois années avant la fin de son bail, cette même sole, à sa sortie, destinée à recevoir du froment, se trou-vera réduite à 8 hectares seulement. Le fermier, cette année-là, cultive en définitive une superficie moins grande que d'ordinaire. Comme il reste propriétaire de la récolte, bien qu'éloigné du domaine, il est censé dès lors en éprouver un préjudice.

A cela, il y a à répondre, en premier lieu, que le fer-mier qui se trouvera privé, comme nous l'avons expli-qué, de donner la culture habituelle à un certain nombre de pièces de terres occupées par l'ajonc marin, trouvera le plus ordinairement à les remplacer par d'autres terrains incultes, comme il s'en trouve tant sur nos domaines, et dont on ne fait rien, faute de temps ou de forces d'action; mais, à supposer même que le fermier ne fût pas en mesure d'opérer cette substitution, il y aurait à faire observer ensuite que la réduction de sa culture ne lui causerait pas un préjudice bien grand, car les autres terres mieux cultivées et mieux fumées devraient fournir alors un rendement plus élevé. Quoi qu'il en soit, il y aura toujours une indemnité à débattre; dans le cas où celle-ci serait basée sur ce fait que la sole de froment aurait été réduite, il y aura lieu, ce nous semble, d'astreindre le fermier à amener pendant le temps resté libre une certaine quantité de terres pour planter les vignes

Voyons donc la situation de la ferme, l'année où le bail va finir.

Si les arrangements ci-dessus n'ont point abouti, nous restons en présence des anciennes soles, et nous procédons pour former le nouvel assolement quadriennal par voie d'exclusion des terres impropres à la culture céréale. La formation des coupes réglées d'ajoncs marins ne sera alors qu'une affaire de temps.

Si, au contraire, le propriétaire et le fermier sortant ont pu s'entendre, le nouveau fermier-vigneron trouvera à son entrée : d'abord 20 hectares d'ajoncs, de trois âges distincts, 7 hectares environ de trois ans, 7 hectares de deux ans, 7 hectares d'un an seulement. De plus, il aura 3 soles de 8 hectares chacune, soit ensemble 24 hectares, qui, avec les terres incultes, formeront une superficie totale de 30 hectares, si l'on suppose que les cours, jardins, prés, etc. emportent 10 hectares.

De ces 30 hectares, il distraira les 20 plus fertiles,

11

pour composer un assolement quadriennal, et les 10 autres, il les consacrera à planter le vignoble.

Pour la création de ce vignoble, elle constitue une œuvre complexe, comprenant d'abord la plantation proprement dite des vignes, qui sont le *principal*, et ensuite la construction du pressoir et des caves, qui sont les *accessoires* indispensables.

Voici comment je diviserai le travail.

Première année. — Plantation de 5 hectares de vignes, selon le mode économique qui sera décrit postérieurement;

Deuxième année. — Même tâche que la première année;

Troisième année. — Construction d'un pressoir, — son outillage;

Quatrième année. — Construction d'un cellier pour loger les récoltes.

Bien entendu, je suppose que la culture céréale marche concurremment avec tous ces travaux, dans les limites modestes que nous lui avons assignées.

Il s'agit de voir à présent quelles parts contributives doivent avoir respectivement le propriétaire et le fermier dans cette transformation du domaine.

Disons tout de suite que le colonage partiaire nous paraît être le régime qui s'adapte le mieux à l'organisation nouvelle de notre ferme. Nous avons prouvé déjà que pour la culture de la vigne, il ne présentait pas les inconvénients qui le font rejeter d'ordinaire; c'est donc celui que noussupposons dans cette étude. Nous croyons d'ailleurs que l'affermage pur et simple des vignes est également possible avec un long bail et certaines garanties; dans ce cas, la transformation du domaine se ferait soit par le propriétaire, soit par le fermier, selon les conventions des parties, mais c'est en dehors de notre cadre, et nous en revenons au colonage partiaire.

Et d'abord, le colon entrant, muni de son personnel, ne trouverait pas à occuper toutes les forces vives du domaine, s'il bornait sa culture à l'ensemencement de 5 hectares de blé et de 5 hectares d'avoine. Il est juste, en conséquence, qu'il emploie le temps qu'il a de libre à la création même du vignoble dont il doit partager les fruits un jour.

D'un autre côté, le travail auquel il va se livrer en cette occasion, ne donne pas un produit immédiat. Il faut attendre la première récolte pendant quatre longues années. Or, il est de principe, dans le colonage partiaire, que le travailleur trouve la rémunération de son labeur dans la perception annuelle de la part des fruits. Cette condition n'étant pas remplie là, une compensation doit être donnée au colon. Cette compensation sera l'abandon de la récolte totale des 5 hectares de froment pendant les quatre premières années, où la vigne ne produit pas encore. Cette clause constituera provisoirement pour le colon une situation préférable à la situation présente des fermiers du pays. En effet, ceux-ci, sous le régime actuel, partagent les fruits par moitié. Ensemençant 15 hectares, ils n'ont donc véritablement que la récolte de 7 hectares et demi. Dans la *ferme viticole*, le colon ne fera que 5 hectares par quart, mais il leur appliquera tout le fumier du domaine. Dans ces conditions, ces 5 hectares seront évidemment plus productifs que les 7 hectares et demi de l'ancienne ferme. J'en conclus que, pendant le régime provisoire des quatre premières années, la situation du colon établit un progrès par rapport au vieil état de choses.

Ce n'est pas tout; la vigne ne commence, avons-nous dit, à donner une récolte appréciable qu'à sa cinquième feuille ou quatre ans après sa plantation ; cependant, dès la troisième année, beaucoup de ceps ont des raisins. Sur une grande superficie, cela ne laisse pas que de faire quelques pièces de vin. De la façon dont nous organisons la plantation de notre vignoble, les 5 premiers hectares plantés auront déjà donné une petite récolte avant que soit révolue la quatrième année, après laquelle le régime provisoire devra prendre sa fin ; eh bien, à titre d'encouragement, je voudrais abandonner exclusivement au colon les produits des vignes durant cette période. Qu'on ne dise pas que ce dernier sera porté à forcer la taille des jeunes plantes ; il s'en garderait bien, car, en vue d'un faible avantage dans le présent, il compromettrait l'avenir du vignoble, et s'exposerait ainsi à tuer, à son préjudice, *la poule aux œufs d'or.*

Moyennant ces compensations, le colon emploiera donc tout le temps que lui laissera sa culture céréale à la création des vignes.

Nous admettons les forces vives de la ferme ainsi composées : trois hommes, deux chevaux, et, au besoin, pour les travaux pressés du printemps, une paire de bœufs.

Ce personnel et ces forces d'action suffiront-ils à planter, par saison, 5 hectares de vignes à la charrue ? Non. Nous venons de voir la tâche qui incombait au colon, voyons à présent celle qui reste au propriétaire.

La vigne se plante depuis le mois de mars jusqu'au mois d'août, presque inclusivement. Pour une plantation de 5 hectares, opérée dans ce laps de temps, il nous faut admettre, jusqu'à de plus amples détails, un atelier de six hommes et de deux chevaux, avec charrue, tombereaux pour le transport des amendements, etc.

Les chevaux, le matériel roulant, les instruments seront ceux du domaine.

Quant aux hommes, trois seront fournis par la ferme, les trois autres par le propriétaire.

Celui-ci devra fournir encore le plant de vigne, la bruyère, les ramilles de menu bois et le fumier, si l'on juge à propos d'en mettre.

Il serait difficile d'évaluer exactement toutes ces dépenses ; cependant on peut le faire par approximation.

D'abord, nous sommes privés de revenus pendant quatre années, notre part dans les bénéfices du cheptel exceptée. Considérons cette part comme ayant son emploi dans l'acquittement de l'impôt, et n'en tenons nul compte. Si l'on estime que la métairie moyenne de ce pays-ci puisse produire de 13 à 1,400 francs nets, au bout de quatre ans ce sera une somme d'environ 5,500 francs que le propriétaire se trouvera avoir indirectement payée.

En évaluant, d'un autre côté, à un millier de francs les sommes versées aux journaliers pendant les deux ans de la création du vignoble, et à 1,500 francs les autres frais de toutes natures, tels que : achats de plants de vigne, indemnité payée au fermier sortant, perte d'intérêts et dépenses imprévues, nous obtenons à ce second chapitre une somme de 2,500 francs, qui, ajoutés aux 5,500 francs ci-dessus mentionnés, portent finalement à 8,000 francs la dépense totale, qui incombe au propriétaire pour la plantation des 10 hectares de vignes.

Ce chiffre de 800 francs l'hectare peut paraître excessivement bas aux personnes, qui reportent leur pensée aux frais énormes qu'une pareille plantation entraînerait dans les grands centres vignobles. Qu'on veuille bien se souvenir que la vigne, dans les premières années de son développement, n'a pas besoin de beaucoup d'engrais ni de beaucoup d'amendements. Pour commencer, un peu de terre végétale à son pied et, autant que possible, des ramilles de sapin, des fagots de menu bois, des touffes de bruyères ou d'ajoncs verts, voilà ce qu'elle demande. J'ai planté des vignes en ne déposant dans les rigoles qu'une petite quantité d'un terreau noir, que j'avais extrait d'un fonds de vieilles haies. Je n'ai eu recours à aucun des engrais végétaux cités plus haut ; l'opération se pratiquait sur un sol maigre, mais favorable à la vigne, et j'ai obtenu, certaines années, des récoltes de vingt pièces à l'hectare.

Dans le vignoble de la côte du Cher, les vignes se plantent avec un plus grand luxe d'engrais et conséquemment avec plus de frais. Cela se comprend, on n'a pas là les facilités d'amender que nous rencontrons dans la *ferme viticole* ; au moment même de la plantation, on met donc au pied des ceps assez d'engrais, pour que la vigne puisse fournir sans amendements une longue carrière.

Dans notre organisation, c'est bien différent ; le vignoble se crée économiquement, parce qu'il n'a pas de grands besoins d'abord ; mais à mesure que l'enlèvement des récoltes appauvrira la terre, le colon, outillé comme il l'est, se mettra en mesure d'apporter au sol de nouveaux éléments de fécondité. Pendant les quatre années, qui forment le régime transitoire, il aura même intérêt à porter dans les vignes le plus d'amendements possible, puisqu'il devra être appelé un jour au partage des fruits. Mais il ne pourra consacrer à cette tâche qu'un temps limité, car après les deux années qui suivront la création du vignoble, il devra au propriétaire certains travaux dont nous allons parler.

Nous venons de voir, en effet, comment devra s'exécuter la première partie du programme ; occupons-nous présentement des moyens d'exécution de la seconde partie, qui comprend, avons-nous dit, l'installation d'un pressoir et la construction d'un cellier. Évidemment ces travaux devront se faire aux frais du propriétaire seul, car il s'agit ici d'une plus value donnée au domaine et dont le maître retirera un profit direct et permanent. Le colon, lui, n'y est intéressé que d'une manière indirecte pour loger ses denrées, et seulement pour un temps limité à la durée de son bail. Ce n'est donc qu'indirectement et dans une faible mesure, qu'il devra contribuer aux constructions accessoires du vignoble qu'il est appelé à cultiver. Au surplus, il dispose du matériel et des forces vives de la ferme ; il est juste, dès lors, qu'il les emploie au service de celle-ci, surtout quand il s'agit de travaux qui l'aideront un jour à exercer personnellement son industrie. Ainsi, le colon devra approcher les matériaux : les pierres d'assises, les moellons, la chaux, le sable, les bois de charpente, la tuile, etc. Dans le pays, tous ces matériaux sont sous la main, sauf les quartiers de pierres de taille qu'il faut aller chercher assez loin. Si l'on songe que deux années doivent être consacrées aux travaux, on ne verra aucun obstacle, je pense, à ce que le colon puisse, conjointement à sa culture, laquelle sera peu chargée au début, faire tous les charrois qu'on lui demande.

Ajoutons, d'ailleurs, qu'il n'y a rien d'absolu en tout ceci. Les lieux ne présentent pas partout les mêmes facilités pour construire. Je ne puis, en conséquence, donner sur cette matière qu'un aperçu des conditions qui se rencontrent le plus communément. Si donc l'on jugeait que le colon, par la nécessité de faire face aux autres travaux, ne fût pas en mesure de remplir la tâche que nous lui avons tracée, il y aurait lieu de modifier les dis-

carton

positions précédentes, suivant un arrangement amiable conforme aux intérêts des partis. Pour l'instant, ce qu'il nous importe de connaître c'est la limite approchée des dépenses qu'occasionnera au propriétaire la construction des deux établissements dont il a été parlé, et l'outillage de l'un d'eux. Là encore, je me contenterai de donner des chiffres, en me réservant de les discuter par la suite.

Je n'examinerai pas si la propriété est susceptible ou non de fournir certains matériaux comme des bois de charpente, des moellons, du sable à mortier, etc. ; non, j'estimerai les travaux à leur valeur vénale, en tenant compte seulement de l'aide qui nous pourra venir du colon pour les transports. Eh bien, si je me reporte aux mémoires de constructions semblables que j'ai faites sur ma propriété, toutes les dépenses s'élèveront à une somme de 10,000 francs. Si nous additionnons ce chiffre avec celui de 8,000 francs que nous avons obtenu pour frais de plantations de vignes, nous voyons que la transformation complète de la ferme ancienne nécessitera une mise de fonds totale de 18,000 francs. C'est donc un intérêt annuel de 900 francs qu'il faudra prélever sur les produits de la nouvelle culture pour arriver à une comparaison équitable des revenus, avant et après l'opération.

En résumé, après quatre années révolues la *ferme viticole* sera en état de produire, le régime transitoire aura cessé, et le propriétaire commencera à toucher le fruit de ses avances.

Comment réglerons-nous les parts du maître et du colon? C'est ce que nous allons voir.

Remarquons tout d'abord la différence qu'il y a dans notre organisation, entre la culture du vignoble et la culture céréale. Cette dernière n'occupe sur le domaine qu'une superficie restreinte et se suffit à elle-même. La culture de la vigne au contraire occupe, en premier lieu, directement les 10 hectares qui sont plantés, puis indirectement les 20 hectares semés d'ajoncs. De plus, on dépouille à son profit certaines terres dont l'humus lui sert d'amendement ; enfin, elle absorbe par voie détournée une part des ressources de la culture parallèle, puisque, tant pour les labours que pour le transport des terreaux et engrais, une partie du travail est faite par les chevaux et que ceux-ci sont nourris par le domaine. C'est pour ces raisons que la répartition des produits des deux cultures nous semble ne devoir pas être la même.

Pour les vignes, je proposerai le partage par moitié.

Pour les céréales, il y a à distinguer ; l'avoine devra rester toute à la ferme, pour la nourriture des chevaux. Quant au blé, j'en attribuerai les deux tiers au colon et l'autre tiers au propriétaire.

Sur ces bases, rendons-nous compte par approximation de la part de froment qui revient au colon. Il importe, en effet, que cette part soit suffisante pour alimenter sa maison.

Comme nous l'avons vu, on peut estimer à 16 hectolitres par hectare le nouveau rendement des terres. Cinq hectares donneront donc 80 hectolitres. Si nous prélevons 5 hectolitres pour les semences, il reste 75 hectolitres dont 50 pour le colon et 25 pour le propriétaire. Or le personnel de la *ferme viticole* se composera de trois hommes, trois femmes, des enfants et des journaliers, à l'époque des grands travaux, comme la moisson et la vendange. Un homme de force moyenne de nos campagnes, dépense environ 4 hectolitres de blé par an. Je prends une moyenne générale de neuf grandes personnes à nourrir toute l'année dans la *ferme viticole*. La consommation totale de la maison s'élèvera donc annuellement à 36 hectolitres et, en fin de compte, le fermier se trouvera avoir un excédant de 14 hectolitres, qu'il pourra vendre.

Encore j'ai supposé que le fermier-vigneron cultivait avec les seules ressources du domaine. S'il fait bien, il achètera du guano qui, comme partout, produit sur nos terres un excellent effet, et il augmentera le rendement des soles.

100 kilogrammes de guano par hectare élèveraient certainement la production à 20 hectolitres, sur la même superficie. Pour 5 hectares, c'est une dépense de 170 fr. à raison de 34 francs les 100 kilogrammes. Comment se répartirait cette dépense ? Dans la même proportion que les produits. Le fermier aurait les deux tiers, soit 113 fr. à payer, et le propriétaire l'autre tiers ou 56 francs environ ; mais l'un et l'autre retrouveraient, avec usure, ces frais à la moisson.

L'avantage qu'on trouve dans la contrée, à donner une riche fumure à la terre, c'est que cela permet d'employer une de ces semences, qui ont la vertu de fructifier beaucoup. Sur notre sol maigre, on ne sème qu'une sorte de petit blé blanc, qui donne un gluten de qualité, mais dont l'épi étroit ne fournit qu'un petit nombre de grains. En suppléant par les engrais au peu de profondeur de la terre, comme l'ont fait depuis longtemps déjà plusieurs agriculteurs du pays, on peut adopter pour semence l'une de ces nombreuses variétés du froment si avantageuses à la production. A cet égard, la pratique seule guidera le colon.

Si les dépenses extraordinaires et facultatives d'engrais dont il vient d'être parlé profitent au froment, elles profitent un peu aussi à l'avoine qui, sur chaque sole succède immédiatement au blé ; à ce point de vue, elles ont une utilité qui n'est pas sans importance. L'avoine est une céréale qui donne une récolte beaucoup moins régulière que les autres. Les avoines de printemps, qui se cultivent seules dans nos fermes, demandent pour réussir un temps favorable à l'époque de l'ensemencement. Une trop grande sécheresse ou des pluies trop continues compromettent très-souvent la récolte. Même sans le secours des engrais artificiels, je crois que la *ferme viticole* produira assez d'avoine pour nourrir deux forts chevaux, à une condition pourtant, c'est que, comme nous l'avons dit, toute la quantité récoltée restera aux écuries, et qu'il s'établira une réserve dans les années d'abondance pour combler le déficit dans celles où la récolte aura manqué. Ce résultat sera atteint avec d'autant plus de certitude, s'il est donné suite au projet, dans l'année du froment, d'acheter 100 kilogrammes de guano par hectare. Il est vrai que le propriétaire participe à cette dernière dépense dans une proportion moindre que le colon ; mais celui-ci, qui a la conduite des chevaux, est évidemment plus intéressé à ce que ces puissants auxiliaires de son labeur puissent se maintenir, grâce à une bonne provision d'avoine, dans un état satisfaisant de vigueur et de santé.

Nous avons indiqué les moyens d'exécution pour arriver à la transformation du domaine ancien et à l'outillage de la *ferme viticole*. Nous avons exposé ensuite toute l'organisation nouvelle, et le mécanisme de son fonctionnement. Nous allons prendre pour tâche, à présent, de réfuter les objections qui pourraient être faites au principe même du système.

C'est une opinion assez répandue que des vignes ne sauraient être données à colonage partiaire. Si vous appelez, dit-on, le travailleur au partage des fruits, il arrivera que celui-ci s'appliquera à faire produire à la plante le plus qu'elle pourra produire, sans s'inquiéter de l'état d'épuisement où il laissera le vignoble. La vigne est en effet un arbrisseau dont il est possible de forcer la production au détriment de sa durée. Les vignerons ont une expression pour traduire cette idée; ils appellent cela *charger* la vigne, ce qui signifie qu'on laisse au cep, en le taillant, une quantité de membres qui épuisent rapidement la séve.

D'après l'objection, le colon n'aura donc en vue que la durée de son bail. Peu lui importera de tuer la plantation par un rendement hâtif, pourvu que dans les dernières années de sa culture, il fasse une abondante récolte. Il laissera ainsi le vignoble dans un état tel qu'il ne sera plus possible de l'affermer aux mêmes conditions, si encore les vignes ne périssent pas d'épuisement, auquel cas les frais de plantation sont presque totalement perdus, et les constructions, ce qui est une autre perte, détournées de leur destination première.

Assurément l'objection a sa valeur; mais je ne pense pas que l'obstacle qu'elle soulève ne puisse être absolument écarté. La première chose à faire observer, c'est que le colonage, appliqué à la vigne, existe en fait dans plusieurs localités, notamment en Bourgogne, d'où il faut bien conclure que ce régime n'est pas tout au moins impossible. Je concéderai d'ailleurs que le bail à intervenir ne pourrait être qu'un bail à long terme de vingt-cinq ou trente ans, par exemple. Qui empêcherait enfin qu'on y insérât une clause portant que le propriétaire, dans les trois dernières années dudit bail, se réserve le droit de faire constater, à dire d'experts, si la taille de la vigne a été faite par le fermier sortant dans les conditions normales? Mais j'admets qu'il puisse y avoir quelque léger abus; est-ce que cela n'existe pas dans toutes les cultures? Dans les fermes ordinaires on peut craindre aussi que le fermier n'épuise les terres avant de quitter le domaine. Est-ce que cet inconvénient a jamais empêché les propriétaires d'affermer leurs terres? On ne peut donc opposer le même argument à mon système de *ferme viticole*, d'autant plus que si des abus sont à craindre, la clause ci-dessus, dont l'application ne saurait présenter de difficultés, réussira, je pense, à les atténuer.

Non ; tant que le bail durera, le colon appelé à prendre la moitié de la récolte trouvera dans son propre intérêt un motif d'améliorer sans cesse le fonds par des amendements successifs, et d'aménager la taille de manière à mettre la vigne en état de fournir une longue carrière. Ce n'est donc que les deux ou trois dernières années du bail que cessera cet intérêt. Si le colon doit quitter le domaine, il n'aura évidemment alors aucune raison d'apporter au sol une amélioration, qui devra profiter seulement à ses successeurs. J'avoue même qu'il serait assez difficile de l'y forcer ; mais ce n'est pas la suppression des amendements, pendant un an ou deux, qui pourrait avoir pour résultat d'amener la ruine du vignoble. Celui-ci profitera des améliorations antérieures et ce ne sera que dans le passage d'un colon à un autre, qu'il aura peut-être à subir les effets d'une négligence temporaire. Quant à la taille de la vigne, que le colon sortant pourrait être sollicité par son intérêt de forcer un peu, il ne pourra en tout cas, le faire que dans des limites raisonnables, à moins de s'exposer à tomber sous le coup de l'expertise prévue par le bail.

On le voit, le colonage viticole ne présente pas, dans son application, d'obstacle insurmontable. La difficulté la plus sérieuse serait peut-être celle-ci :

Ainsi que je l'ai dit, dans la nouvelle organisation de la ferme, la culture de la vigne, avec les soins qu'elle comporte, doit être la culture principale ; la culture céréale n'intervient que subsidiairement et seulement dans des limites suffisantes pour donner le blé à la maison, l'avoine aux écuries. Aussi le partage des fruits pour cette dernière culture ne se fait-il plus par moitié, comme cela a lieu pour la vigne. Une chose est donc à craindre : c'est que le colon n'apporte tous ses soins à la production céréale, dont il a les deux tiers, et ne néglige la culture du vignoble, où il n'a que la moitié de la récolte. C'est encore le bail que je charge de prévoir, de régler ces difficultés.

Nous avons vu que 5 hectares ensemencés annuellement devaient produire assez de blé pour que la part réservée au colon suffît largement à alimenter sa maison. D'autre part, le même sol cultivé en avoine devra donner environ 75 hectolitres de cette céréale à raison de 14 à 15 hectolitres à l'hectare. Ces 75 hectolitres représentent approximativement la dépense en avoine de deux chevaux dans une année, chaque cheval de force moyenne consommant à peu près un décalitre par jour, du moins dans les fermes du pays. — Somme toute, la culture céréale appliquée à des soles de 5 hectares, comporte une production assez large pour satisfaire aux besoins particuliers de la *ferme viticole*. C'est donc ce maximum de 5 hectares, dans la composition de l'assolement, qui devra être porté au bail, de manière que le colon se trouve empêché de faire une culture céréale plus étendue, au préjudice de la culture de la vigne qui doit être la culture principale et qui est, du reste, la plus fructueuse.

Évidemment, l'exécution de cette clause devra exercer la surveillance du propriétaire, mais où le colonage partiaire ne demande-il pas constamment de la part du maître une surveillance active ? La situation n'est donc pas autre ici qu'elle n'est ailleurs.

Au surplus, il faut bien le dire, la réforme que nous prêchons ne pourra s'opérer que sous l'œil et par l'initiative du propriétaire demeurant sur les lieux, de même que l'organisation nouvelle ne fonctionnera bien que si elle est convenablement surveillée soit par le maître en personne, soit par un régisseur ou hommes d'affaires, préposé à cet effet.

Maintenant deux points demandent à être élucidés :

1° Les frais généraux, qui vont s'appliquer à la nouvelle culture, n'absorberont-ils pas en totalité ou en grande partie l'excédant de produits que donnera la ferme nouvellement constituée ?

Le chapitre suivant édifiera le lecteur sur cette première question. J'espère lui montrer que le personnel de l'ancienne ferme ne se trouvera que légèrement modifié par suite des changements de la culture, et que l'emploi des gens de journées, à l'époque des grands travaux, ne constituera pas, d'autre part, un surcroît appréciable de dépenses par rapport à ce qui se passe, sous le régime présent. Au reste, l'augmentation des frais généraux sera représentée par un chiffre, dont il sera tenu compte dans la comparaison qui sera faite des revenus de l'ancienne ferme et de la ferme transformée.

2° Soit qu'on veuille affermer, à prix certain, le domaine organisé, comme nous venons de le dire, soit qu'on veuille le donner à colonage partiaire, sera-t-il facile de trouver une famille suffisamment nombreuse pour cultiver avec fruit ledit domaine et présentant par ailleurs toutes les garanties désirables ?

Pour ce qui est d'affermer, à prix certain, je crois que le prix de ferme que le propriétaire serait en droit d'exiger, excèderait de beaucoup les ressources pécuniaires de la plupart des gens de ce pays-ci, qui sont généralement pauvres. Sans compter que le fermier, dans les conditions spéciales où il serait placé, aurait besoin de pas mal d'avances, d'abord pour attendre que le vignoble fût en plein rapport, et ensuite pour se constituer un roulement de fonds d'exploitation.

L'industrie vinicole place, en effet, le fermier dans des conditions autres que ne le fait l'industrie agricole ordinaire. Le vin n'est pas une denrée qui se vend comme le blé; souvent, il faut attendre des mois et quelquefois une année entière. D'autre part, il faut se munir par avance de fûts en assez grand nombre pour loger la récolte, ce qui ne laisse pas que d'être une charge onéreuse pour les petites bourses. Enfin, il arrive que des intempéries locales vous privent des produits. Toutes ces causes rendent la viticulture inaccessible à ceux qui ne possèdent pas un capital disponible pour parer à toutes les éventualités. L'affermage à prix certain d'un domaine viticole, cesse donc d'être à la portée du plus grand nombre de nos fermiers, qui n'ont aucune avance. Chez nous, celui qui possède cultive, d'ailleurs, son propre fonds.

Pour trouver un fermier, qui osât se mettre à la tête d'une exploitation importante comme celle de notre *ferme viticole*, il n'y aurait guère lieu de compter que sur des hommes étrangers au pays. Je ne dis pas qu'il ne puisse s'en rencontrer. Aujourd'hui, en France, l'esprit d'entreprise a fait de grands progrès; les départements du Nord, surtout, nous ont envoyé dans ces dernières années, des agriculteurs, qui ont fouillé avec persévérance notre sol et cherché ses ressources cachées. Sans doute, il serait possible que quelques-uns de ces esprits hardis et entreprenants, qu'on rencontre un peu partout aujourd'hui, fussent séduits par les récents succès de la vigne dans nos parages et disposés à prendre, à long bail et à prix certain, la *ferme viticole* établie sur les bases qui leur paraîtraient devoir donner les résultats les plus prospères ; mais en présence d'éventualités si peu certaines, entreprendre un travail long et coûteux comme celui de la transformation de l'ancienne ferme, serait, à coup sûr, commettre une imprudence et se préparer des déceptions probables. Par bonheur, un autre régime, moins entouré d'obstacles, quant à la réalisation des conditions qu'il impose, que l'affermage pur et simple, se présente au propriétaire et rend même la position de ce dernier plus favorable : c'est le colonage partiaire, en vue duquel j'ai développé tout mon système. Là, pas n'est besoin de grandes ressources pour le fermier. Il lui faudra toujours quelques avances, mais dans une proportion moindre que dans le cas de l'affermage à prix d'argent. Ce qu'on exigera avant tout, de lui, c'est qu'il soit personnellement capable de bien diriger la conduite du vignoble et que sa famille soit composée de travailleurs robustes.

Ces conditions se rencontreront-elles aisément ?

L'ensemble des avantages qui résulteront pour le colon, ainsi qu'on va le voir, de l'organisation nouvelle, ne manquera certainement pas de séduire, dans le pays même, des familles en situation de bien gouverner le domaine, et, si la contrée n'en fournit pas, d'attirer des travailleurs étrangers.

§ IV. COMPARAISON DES REVENUS DE LA FERME VITICOLE ET DE LA FERME ANCIENNE.

Pour faire cette comparaison, voici comme nous allons

procéder : Nous évaluerons les produits bruts de la ferme ancienne, puis les produits également bruts ; de la ferme transformée. En ce qui concerne le propriétaire ; qui n'intervient pas dans les frais de production, nous n'aurons à tenir compte que de l'intérêt des sommes par lui avancées et à estimer ensuite approximativement les sommes représentatives de la part en nature, qu'il perçoit sur les récoltes. En opérant ainsi, il sera facile de voir où est placée sa situation la meilleure.

Pour le fermier vigneron, ce sera autre chose ; les frais de production restent à sa charge. Nous supposerons, jusqu'à plus ample informé, que le domaine nouveau donnera lieu à un surcroît de dépenses, dont le chiffre maximum sera provisoirement fixé. Si donc, en faisant de même l'évaluation des parts de fruits qui reviennent au colon dans la *ferme viticole*, nous constatons, toute défalcation faite, une somme supérieure à celle qui s'inscrivait à son acquit sous le régime ancien, il sera évident que sa position se sera améliorée dans la mesure même de l'élévation du chiffre, représentant la différence.

Voyons donc d'abord la position du propriétaire, avant et après l'opération.

Que lui rapporte la ferme actuelle ? la moitié des céréales, la moitié du bénéfice sur les bestiaux et certains menus suffrages. Détaillons :

Notre ferme type ensemence 15 hectares de froment. Si l'on déduit les semences, le rendement moyen n'est guère que de 7 hectolitres à l'hectare, soit : 105 hectolitres pour la sole entière. — Si l'on retranche encore 5 hectolitres pour pertes, dessiccation et grains avariés, il reste 100 hectolitres nets dont 50 pour le propriétaire et 50 pour le métayer. Or, les mercuriales établissent à 20 francs l'hectolitre, en moyenne, le prix du blé. La part du propriétaire comme celle du fermier ressort donc annuellement par approximation à 1,000 francs.

Je fais un calcul analogue pour l'avoine.

Sur nos terres arides, l'avoine donne généralement un rendement à l'hectare moins élevé que le froment. Ce rendement, semence et pertes prélevées, n'est guère que de 6 hectolitres, ce qui fait 90 hectolitres pour 15 hectares. Le propriétaire, en conséquence, a 45 hectolitres pour sa part. — Quant au cours, il est extrêmement variable. Cependant pour les petites avoines grises, qu'on cultive presque exclusivement dans le pays, on peut le porter en moyenne à 75 centimes le décalitre, soit: 7 fr. 50 c. l'hectolitre. Les 45 hectolitres représentent alors une somme de 337 fr. 50 c. Si j'additionne ces deux chapitres de recettes, je vois que la ferme-type qui nous occupe peut rapporter de 1,300 à 1,400 francs; c'est, on se le rappelle, l'évaluation que nous avons déjà adoptée.

Je ne parlerai pas du bénéfice sur les bestiaux; cette somme, comme nous en avons fait la remarque, a, au passif, son emploi représentatif dans l'acquittement de l'impôt foncier, qui est malheureusement très-élevé, pour le faible rapport de la propriété dans notre contrée, et qui, selon l'usage, reste à la charge du propriétaire.

Je ne ferai pas non plus intervenir dans le compte les menus suffrages, qui ne présentent aucune valeur fixe et qui peuvent tout aussi bien, d'ailleurs, être débattus dans le nouveau bail.

Examinons à présent la valeur des produits bruts, qui constituent la part du propriétaire dans la *ferme viticole*, en laissant également de côté les deux derniers éléments, dont il vient d'être parlé.

Pour la production céréale, nous avons vu qu'il ne prend une part que dans la récolte du froment seul, et que cette part est réduite à un tiers. Par le perfectionnement et les bonnes conditions de la culture, elle est encore de 25 hectolitres, ce qui inscrit déjà à l'acquit du propriétaire une somme de 500 francs.

Vient ensuite le partage par moitié de la récolte du vin. 10 hectares de vignes, à raison de 15 pièces à l'hectare, donneront 150 pièces, dont 75 pièces pour le propriétaire et autant pour le colon. Le prix moyen du vin non logé étant de 40 francs par pièce, ces 75 pièces représenteront 3,000 francs. Si, à cette dernière somme, nous ajoutons les 500 francs, préalablement inscrits, nous obtenons, impôt déduit, pour la part du propriétaire, un chiffre total de 3,500 francs. De ces 3,500 francs il convient de retrancher, selon notre première remarque, une somme de 900 francs pour intérêts des frais de transformation. Reste net alors 2,600 francs, qui, comparés aux 1,300 francs que donnait approximativement l'ancienne ferme, constituent une augmentation de 100 0/0 du revenu primitif.

Maintenant cet avantage est-il suffisant pour qu'on s'attèle aux fatigues d'une entreprise longue et laborieuse? Le bénéfice à réaliser est-il même en rapport avec les risques que l'on court, chaque fois que l'on s'engage dans l'inconnu? A cela, je répondrai que c'est, chez les hommes, affaire de tempérament et de caractère. Beaucoup, en effet, ont une certaine paresse d'esprit et de corps, qui leur fait rechercher avant tout la tranquillité et les rend peu soucieux d'augmenter leur bien. D'autres, au contraire, doués de plus d'initiative, sentent le besoin de donner un aliment à leur activité.

C'est à ceux-là que je signale le parti à tirer des terres de notre maigre pays.

En admettant que j'aie pu me tromper sur quelques

questions de détail et me faire illusion dans l'appréciation
de certains faits, le principe de mon projet n'en est pas
moins vrai, à savoir : que la prospérité qui signale la
culture de la vigne dans notre zone, appelle dans la
culture générale du pays une transformation où la viticulture doit avoir la plus large part. A supposer donc que les
chiffres que j'ai donnés plus haut fussent quelque peu
surfaits, ils accuseraient toujours, par comparaison avec
l'ancien état de choses, un excédant de revenu pour le
propriétaire ; car, je le répète, ces chiffres sont l'expression des résultats probables d'une culture que recom-
mandent à la fois l'expérience et les notions les plus élé-
mentaires de l'économie agricole. Partant de là, j'estime
que la transformation de la ferme, suivant le mode
indiqué, ne pourra être que profitable aux intérêts du propriétaire. Le seul point sur lequel on peut ne pas être
tout à fait d'accord, porte sur la quotité de l'excédant du
revenu annuel. Pour moi, je persiste à croire que cet
excédant atteindra largement le chiffre indiqué plus haut ;
si ce n'est peut-être dans les premières années de la
réforme de la culture, du moins quand il se sera écoulé
assez de temps pour que les vignes aient gagné l'âge
adulte, et que l'organisation nouvelle, sortie de la période
de création, soit entrée dans celle d'un régulier fonction
nement.

Mais le bénéfice que le propriétaire retirera de l'opération ne résidera pas seulement dans l'augmentation de
revenu qui en sera la conséquence ; il résidera encore
dans la plus-value qu'y gagnera son domaine par l'amélioration des terres. Il ne faut pas oublier, en effet, que
sous le régime en vigueur, les terrains, loin de se bonifier
par la culture, se dégradent, au contraire, tous les jours
par le vice même de cette culture. En changeant, dans la

ferme viticole la division du travail, en modifiant surtout la composition de l'assolement de manière à assurer des conditions meilleures au traitement particulier de chaque champ, il est de toute évidence que nous préparons ainsi au domaine un avenir de prospérité, sur lequel il serait difficile de compter en suivant les errements actuels.

Ajoutons, pour terminer, que le propriétaire aura singulièrement changé, d'autre part, la valeur de son domaine, puisque des plus mauvaises terres, qui ne valaient pas 200 francs l'hectare, il a fait, avec une dépense relativement basse, des vignes qui valent dix fois davantage, et qu'il a enrichi le fonds, d'un établissement viticole muni d'un outillage complet, qui, bien que perdant, comme toute construction, de sa valeur réelle, conserve néanmoins, à cause de sa grande utilité, une valeur considérable.

J'ai dit les avantages privés, qui s'attachaient à la réforme, que j'étudie. Il en est d'autres d'intérêt public et conséquemment d'un ordre plus élevé ; j'y reviendrai dans mes conclusions.

Pour l'instant, je poursuis la tâche que je me suis tracée, et je fais le bilan comparatif des ressources du fermier, dans le domaine ancien et dans le domaine transformé.

Et d'abord, il est des avantages qui restent communs aux deux régimes. Le colon, par exemple, après comme avant, sans payer de prix de ferme, a la disposition de tous les bâtiments ; il jouit, comme par le passé, du jardin et de la chenevière ; il a seul le profit du laitage, des porcs et de la volaille. Quant au bénéfice du cheptel, il continue à le partager avec le propriétaire. Laissons donc ces éléments de côté, et contentons-nous, pour comparer, de faire l'évaluation des denrées en nature, qui restent dans le lot du colon, sous chaque régime.

Dans l'ancienne ferme, le métayer a, pour sa part, d'après notre premier calcul, 50 hectolitres de froment, soit 1,000 francs. Il a, de plus, 45 hectolitres d'avoine. Ces 45 hectolitres ne devraient pas être suffisants pour nourrir deux chevaux de travail. Cependant, en fait, le fermier, non-seulement n'achète pas d'avoine, mais encore en vend en moyenne pour une centaine de francs, chaque année ; c'est dire comment sont nourries les pauvres bêtes ! Quoi qu'il en soit, mettons 100 francs à ce chapitre. Comme on le voit, l'évaluation des denrées que garde le métayer dans la ferme actuelle, s'élève à 1,100 francs environ. Prenons les articles correspondants dans la ferme nouvelle. Nous avons, d'une part, les deux tiers de la récolte de blé, soit 50 hectolitres, qui représentent 1,000 francs, juste autant que par le passé, et la moitié de la récolte de vin, soit 3,000 ; au total, 4,000 francs. Nous noterons, en outre, que dans l'organisation nouvelle, toute l'avoine restant à la ferme, les chevaux y trouveront une quantité suffisante pour être bien nourris. Toutefois, le colon ne devant pas en vendre, ne comptons rien à ce chapitre.

En résumé, la valeur des produits bruts dans la ferme ancienne étant de 1,100 francs, et de 4,000 francs dans la ferme transformée, la différence, en faveur du colon, sera donc de 2,900 francs de gain. Mais là se place une question importante, qui consiste à nous demander si l'accroissement des frais généraux n'absorbera pas une grande partie de cet excédant de recettes.

Si la culture de la vigne devait se borner à la taille et aux façons à donner au sol pour assurer la maturation du fruit, je prouverai, et j'en ferai le calcul, que la nouvelle organisation n'impliquerait pas plus de main-d'œuvre que l'ancienne ; mais dans la *ferme viticole*, il y a le travail des amendements, si essentiel à la propriété du vignoble, qui charge dans certaines limites la situation du colon. Que l'on fixe, si l'on veut, à 1,200 francs par année, la valeur représentative des dépenses afférentes à la nouvelle tâche qui lui incombe, on aura encore : 4,000 — 1,200 = 2,800. Or, 2,800 francs comparés aux 1,100 francs qu'il avait dans le principe, constituent, en faveur du colon, un bénéfice qui ne s'élève pas à moins de 150 0/0.

Qui payera ? La terre. Autrefois, le travail du fermier était mal appliqué, inintelligent ; dès lors, il n'était pas rémunéré. Aujourd'hui, le sol reçoit la culture qui lui convient ; chaque terre est traitée comme le comporte sa nature ; chaque champ a sa destination ; le travail ne restera plus stérile et le colon sera récompensé de ses peines.

Encore, suivant la loi commune, rien ne peut-il s'acquérir avec rien. De même que le propriétaire a dû employer son temps, son intelligence et faire des avances de fonds pour transformer sa ferme et doubler son revenu ; de même le colon devra posséder, de par devers lui, un petit capital de roulement et de garantie, pour jouir des bienfaits de l'organisation nouvelle ; de roulement d'abord, nous savons pourquoi ; de garantie ensuite, parce que, suivant le degré de confiance que le colon inspirera au propriétaire, celui-ci pourra astreindre le premier à certaines mesures propres à garantir l'entière exécution du bail. De ce nombre sera, par exemple, l'obligation pour le preneur de s'assurer contre la grêle, auprès d'une compagnie solvable.

On comprend l'importance de cette clause ; ce n'est pas que le propriétaire ait à se couvrir personnellement d'un danger de perdre, puisqu'il perçoit directement en nature la moitié de la récolte. La mesure ne poursuit qu'un but, c'est d'empêcher le colon de se trouver, à un moment donné, faute de ressources, dans l'impossibilité de continuer son exploitation.

Dans une culture à haute main-d'œuvre, comme celle de la vigne, la moindre intempérie, telle que la gelée, la grêle, etc., vous expose à des pertes énormes. Il faut donc que le colon soit en état de parer à ces contre-temps.

Pour la gelée, il est certaines prescriptions, pour le choix des terrains, qui peuvent réussir dans beaucoup de cas à garantir les vignobles. Cependant il est des années où toutes les précautions sont impuissantes à écarter les accidents. C'est pour ces années là que le capital de réserve est nécessaire.

Quant à la grêle, le plus sage, quand on ne possède pas de grandes avances, est d'avoir recours, comme je l'ai dit, aux compagnies, ce qui permet d'atteindre cette moyenne de rendement, que fournissent les bonnes et les mauvaises fortunes. Je crois, en conséquence, que le propriétaire fera bien le plus habituellement d'imposer au preneur l'obligation de s'assurer, pour que l'œuvre de la culture, dans sa ferme, ne puisse jamais être entravée.

En tout état de choses, le capital de réserve et de garantie que devra posséder le colon ne sera pas, en réalité, si élevé, qu'il ne se trouve beaucoup de gens en situation d'entrer dans la *ferme viticole* aux conditions exigées. La mise de fonds la plus considérable résidera certainement dans l'achat de poinçons, que le fermier-vigneron devra faire chaque année pour loger sa récolte de vin. Outre que le vigneron trouve toujours du crédit chez le tonnelier, le propriétaire pourra encore aplanir les difficultés qui pourraient naître de ce côté, en garnissant le cellier qu'il livré au colon, d'un certain nombre de tonneaux de 500 litres, à demeure fixe, ayant par conséquent le caractère d'*immeubles par destination*, et dont le preneur payera un loyer annuel. De cette manière, le colonage se présentera dans des conditions plus accessibles aux masses, bien qu'il nous semble hors de doute que les simples dispositions premières soient de nature à offrir beaucoup d'attraits à la classe des travailleurs.

Organiser la culture sur le pied que je viens de développer est le seul moyen qui soit en notre pouvoir de sortir de l'impasse où nous sommes placés. Nous avons, à quelques kilomètres de distance, des voisins qui, retirant de riches produits de leur sol, ont, par la concurrence, élevé les salaires à des prix que notre pauvre culture ne nous permet pas de donner. Le vide se fait donc autour de nous. Pour attirer les bras qui nous manquent, faisons au travailleur des conditions telles, qu'il ne craigne pas d'émigrer des pays circonvoisins pour venir exploiter chez nous un sol vierge qui leur ouvre un avenir fécond.

Ceux qui ont bien voulu prendre la peine de me lire, auront pu trouver, même, que j'ai fait la part plus belle au colon qu'au propriétaire. Cela est vrai et pour deux raisons : la première est celle qui découle des considérations qui précèdent ; la seconde, c'est que le propriétaire, en dehors de son revenu annuel, tire un bénéfice occulte du fait de l'amélioration du sol, que ne peut manquer de produire le régime même auquel est soumise la culture.

Au surplus, il faut bien le dire, on est conduit à faire la part large au colon, par une pensée de justice. La transformation que subit la ferme, dans notre projet, en fait un domaine important, quant aux charges de l'exploitation. Quelque allégement que la bonne volonté du pro-

priétaire puisse lui apporter, le colon, nous l'avons
constaté, doit avoir certaines avances, au chiffre desquelles ses risques sont naturellement proportionnés, et
c'est en raison même de ceux-ci, que le capital de garantie
qu'il expose doit trouver une plus large rémunération.

Mais, dira-t-on, le propriétaire aussi expose ses fonds
et dans des proportions plus fortes encore. Sans doute ;
mais entre le propriétaire qui possède une fortune et le
travailleur qui n'a qu'un léger pécule, la situation du dernier demeure et demeurera toujours la plus intéressante.
Ce qu'il faut pourtant, c'est que maître et colon trouvent
un avantage à faire l'opération, et cet avantage existe.
Quant à la répartition de la richesse créée, qu'importe
que le travailleur soit légèrement favorisé ? Et qui oserait
s'en plaindre, surtout quand la classe qui possède a un
si immense intérêt à appeler la confiance, à maintenir
l'harmonie, enfin, à asseoir le travail sur des bases assez
larges pour assurer, avec l'aisance privée des familles, le
développement graduel de la richesse de la nation.

CHAPITRE VIII.

LA PLANTATION ET LA CULTURE.

Mon intention n'est pas de décrire avec détail la plantation de la vigne. Cela a été fait avec une grande compétence et une grande autorité par M. le docteur Guyot, dont le livre a obtenu un si légitime succès.

Je me propose autre chose : c'est d'indiquer sommairement parmi les différents modes de plantation et de culture celui qui, d'après mon expérience personnelle, me semble réunir le plus d'avantages dans les conditions spéciales, où je place la *ferme viticole*.

Celui qui crée une propriété et qui s'y livre à une culture quelconque, à quelque source qu'il ait puisé ses procédés théoriques, marche nécessairement dans l'inconnu. Le temps apporte toujours des améliorations à la pratique du passé. Ce n'est donc qu'au bout d'un certain nombre d'années qu'on asseoit un système sur des résultats acquis, et qu'on peut raisonnablement comparer et choisir.

Cette expérimentation, je l'ai faite. Depuis douze ans, je plante des vignes presque annuellement. Mes plantations n'ont pas, du reste, été copiées toutes sur le même modèle. J'ai essayé plusieurs modes différents ; les résultats de tous les systèmes me sont aujourd'hui connus.

J'ai tenu une note exacte de la dépense et de la recette ; partant, je crois être en mesure d'assigner à chacun des procédés de culture que j'ai appliqués, la valeur qui lui convient.

Toutefois, pour faire un choix, ce n'est pas aussi facile qu'on pourrait le supposer. Le mérite d'un système varie, en effet, selon le point de vue auquel on veut l'envisager. Ainsi, par exemple, les vignes à échalas, pour la qualité du vin, et peut-être aussi, quoique cela ne soit pas généralement vrai, pour la quantité des fruits, ont la supériorité sur les vignes à verges rampantes. Par contre, celles-ci l'emportent incomparablement sur les premières, si l'on considère les frais de premier établissement, les frais d'entretien et surtout les frais ordinaires de la culture. Eh bien, ce dernier point de vue, qui peut ne pas être le meilleur dans les localités dont les terroirs ont des mérites particuliers et où les bras ne manquent pas, est, au contraire, celui qui doit attirer le plus notre attention, à cause des circonstances spéciales qui nous entourent.

Dans un pays, où presque tout le sol convient à la vigne, où le terrain n'a qu'une faible valeur, le point capital pour le propriétaire, c'est d'avoir le plus de vignes possible, puisque c'est la culture la plus productive. Or, une vigne à échalas, pour être cultivée, coûte de main-d'œuvre deux fois autant qu'une vigne à verges rampantes ; de plus, elle exige deux fois plus de temps. La question d'argent n'est qu'une charge apparente, puisque le revenu se règle, en définitive, par l'excédant de la recette sur la dépense. Quant à la question de temps, c'est tout autre chose. Les bras étant rares, on n'est pas assuré de trouver des travailleurs pour façonner une grande étendue de vignes. Si donc le mode de culture que l'on adopte

nécessite beaucoup de main-d'œuvre, comme, en fait, où
ne dispose que d'une certaine somme de forces d'action,
on se voit dans la nécessité de restreindre sa culture à
une petite superficie. Quelques beaux résultats que
donne ce mode de culture en lui-même, on n'en perd pas
moins le bénéfice d'une culture plus vaste, que rendrait
possible l'adoption de procédés nécessitant moins de
main-d'œuvre.

Je m'explique par un exemple :

Un hectare de vigne à échalas et plantée à rangs serrés,
pour être cultivé à la main, donne un produit net de
300 francs ; mais il absorbe tout votre temps, qui suffirait
à cultiver à la charrue deux hectares, à verges rampantes. Si ces derniers, tous frais payés, devaient donner
un revenu de 500 francs, soit 250 francs par hectare, il
est évident que dans ce cas vous aurez un bénéfice net
de 200 francs. Cependant, il ne serait pas tout à fait
exact de dire que l'on peut cultiver, à la charrue et à
verges rampantes, le double de ce que l'on pourrait faire,
si les vignes étaient à échalas et destinées, par leur mode
de plantation, à recevoir les façons à main d'hommes.
Car, rappelons-le, le principal travail pour la vigne, ne
consiste pas tant dans les soins périodiques de la culture
proprement dite, que dans la nécessité de l'amender.
Néanmoins, j'estime qu'en faisant emploi de la charrue
et en adoptant les verges rampantes, on doit arriver à
cultiver la moitié en plus.

C'est dans ces conditions économiques qu'il faudra
placer les 10 hectares de vigne, que devra avoir la ferme
transformée.

Maintenant tous les terrains admettent-ils la culture à
verges rampantes ? Non. Ainsi, les terrains de sables
fins, par exemple, n'admettent que des vignes à échalas,

comme ils exigent une taille différente pour les ceps, à cause du mode même suivant lequel ceux-ci sont plantés.

Pour les terres rudes et pierreuses, au contraire, les longues verges qui courent sur le sol réussissent parfaitement bien. Ceci est un fait acquis, de longue date, dans le pays. Donc, point de difficulté de ce côté.

Restent à examiner les deux points relatifs à la qualité du vin et à l'abondance des fruits.

Pour la qualité, il est certain que dans les vignes à échalas, l'attache du raisin en préservant la grappe des souillures de la terre, en tenant d'autre part celle-ci exposée en tous sens à l'air, a pour effet de lui conserver tout le suc qui donne au vin son bouquet. Mais nous remarquerons que les inconvénients qui résultent de la pratique des verges rampantes perdent de leur importance, par le fait que nous ne produisons généralement que les vins communs de la consommation, et, plus spécialement, les vins colorés dont on se sert dans le commerce pour les coupages. L'altération de qualité qui provient de nos procédés de culture n'est donc guère appréciable, et n'amène, en définitive, aucune dépréciation sensible dans la vente des produits. Donc, là encore, point d'obstacle.

Quant à la quantité de la récolte, étant donné le mode de culture à la charrue, j'ai fait l'expérience que le rendement, dans des conditions identiques, restait à peu près le même pour les vignes à échalas et pour celles à verges rampantes.

Toutes choses examinées, c'est donc, en résumé, les vignes à verges rampantes qui, pour notre organisation, présentent le plus d'avantages.

Ce n'est pas tout, il nous faut choisir parmi plusieurs dispositions, la plus économique, à produit égal. Eh bien, j'ai appliqué le système à longues verges, avec des modalités diverses, sur une superficie de huit hectares. Le procédé le plus avantageux est sans contredit celui-ci :

On plante les ceps par rangs simples, séparés les uns des autres par un intervalle de trois mètres. En d'autres termes, on divise le champ par tranches de neuf pieds, et c'est sur les lignes de division que sont placés les ceps.

Enfin, sur rangs, les pieds de vigne sont espacés uniformément de quatre pieds.

Cette disposition permet de faire à la charrue la plus grande partie de l'ouvrage. Pour qu'on ait une idée du peu qu'il reste à faire à main d'homme, je donne à forfait, depuis plusieurs années, pour les trois façons, une somme totale de 20 francs par hectare, ce qui assure aux travailleurs, selon l'état du temps, des journées de 3 francs à 3 fr. 50 c., en moyenne.

Quant au labour, on y procède de la façon suivante :

Au mois de mars, quand les vignes n'ont pas encore de feuilles, les verges se placent facilement d'elles-mêmes sur leurs propres rangs, ce qui se fait en entrelaçant les deux verges les plus proches ; les intervalles restant libres, rien ne s'oppose plus au labourage.

Plus tard, quand la vigne est chargée de pampres et de fruits, il serait impossible de suivre la même pratique ; voici alors ce que l'on fait :

On détourne les verges des rangs numéros impairs vers les rangs numéros pairs, puis on laboure les intervalles ainsi dégagés. L'opération terminée, on reporte en sens inverse les verges des rangs numéros pairs sur les rangs numéros impairs, et on laboure encore les espaces libres.

Le reproche que l'on adresse à l'emploi de la charrue pour la culture des vignes, est que les racines se trouvent souterrainement dérangées et parfois brisées par le passage du soc à travers le sillon.

Il est très-certain que le hoyau du vigneron agit avec plus de ménagement. La résistance avertit la main, qui cède et se reprend. Le fer de la charrue, lui, va tout droit, inconscient et brutal. Il y a donc là un inconvénient, mais qu'on exagère et qui doit être réduit à ses véritables proportions. La plante, en effet, ne souffrira pas du labourage, si on a le soin de ne pas donner trop de fond au soc, à mesure qu'on approche du pied des ceps, et de laisser, d'autre part, une bande de terre d'un bon pied, au moins, de chaque côté, pour être entièrement faite à main d'homme.

Enfin, certains auteurs prétendent que le sol de la vigne n'aime pas à être remué profondément; qu'un milieu compacte lui est particulièrement favorable, à la seule condition que sa surface soit débarrassée de toutes les mauvaises herbes parasites.

Cela peut être vrai pour les terrains où la couche d'humus est épaisse; mais sur ceux qui, comme les nôtres, n'ont que quelques centimètres de terre végétale, le sol n'est productif, pour la vigne comme pour toute autre plante, que lorsqu'il a été plusieurs fois fouillé et retourné. La seule précaution à prendre, encore une fois, est que les colliers radiculaires ne soient, surtout pendant le travail de la végétation, ni meurtris ni brisés.

Ce qui domine d'ailleurs toutes les assertions, ce sont les faits. Or, l'expérience a démontré que les vignes cultivées à la charrue ne sont pas inférieures, sous le rapport de la production, à celles qui sont façonnées à bras. Au reste, si elles ont leurs inconvénients, elles ont aussi leurs avantages. Il est certain, par exemple, que des ceps plantés en lignes présentent des conditions plus favorables à l'insolation. L'air y circule mieux, et l'excès d'ombre n'y produit pas cette fraîcheur, cette humidité, qui paralysent souvent le développement du fruit.

Enfin, qu'on ne croie pas que le terrain qui reste libre entre les rangs soit perdu pour la production, non ; plus l'intervalle est grand, plus les ceps s'en trouvent bien, puisque leurs racines peuvent s'étendre à l'aise, et ont plus d'espace pour alimenter la séve. Cela permet de laisser à chaque pied plusieurs branches à fruits, sans nuire à la vigueur de la plante. C'est ainsi qu'à l'âge de huit ou dix ans, certaines souches comptent trois, quatre et jusqu'à cinq verges, qui donnent abondamment. Les nouveaux procédés de culture ont donc résolu le problème de centraliser, pour ainsi dire, la séve, de manière à obtenir la même production, sans que l'on soit gêné dans la manœuvre du labourage.

Je ne reviendrai pas sur l'économie qu'on réalise ; je dirai seulement que parmi les différents modèles, celui qui demande un intervalle de trois mètres, entre les rangs, et de quatre pieds, sur les lignes, présente surtout l'avantage de permettre aux tombereaux chargés d'amendements de pénétrer sans difficulté dans les vignes. Cet amendement est déposé parmi les rangs par petits tas successifs, et il reste, après, très-peu à faire pour le répandre et l'enfouir au pied des ceps. Comme il est aisé de s'en rendre compte par cette méthode, le cheval est un des agents principaux de la culture de la vigne. Il est aussi utile pour la plantation ; mais voyons auparavant les conditions générales, où celle-ci doit se faire.

Quand on veut planter une vigne, le premier soin est de rechercher une position qui la préserve, autant que possible, contre la gelée. Pour cela, on doit écarter tous les emplacements qui occupent le fond des vallées, et, généralement, les parties basses. Le voisinage trop immédiat des bois présente aussi quelque danger. Enfin, il faut placer la plantation de telle sorte qu'elle ne soit pas habituellement soustraite à l'action des courants d'air.

Qu'est-ce effectivement que la gelée ? C'est la congélation de la vapeur d'eau, dont les jeunes bourgeons sont imprégnés.

La proximité des futaies, taillis et hautes bruyères qui développent de l'humidité dans l'air ambiant, établit donc à cet égard une situation nuisible. Les mauvais effets n'en sont que plus à craindre si, par sa position, la vigne se trouve garantie des courants d'air qui, en favorisant l'évaporation, atténuent d'ordinaire la gravité du mal.

Quant à l'orientation, j'ai acquis la conviction qu'elle n'exerçait, toutes les autres conditions se trouvant observées, aucune influence sur l'abondance des récoltes. Cependant l'exposition au midi donnera généralement au vin la qualité la meilleure. Mais cette circonstance n'a guère d'intérêt que pour la réserve spéciale du propriétaire, les prix du commerce n'établissant ordinairement de variantes appréciables, dans une même localité, que pour la couleur des vins et la provenance des cépages.

Un autre point important, et peut-être le plus important à considérer dans les plantations des vignes, c'est la nature des sous-sols.

J'ai déjà eu occasion de dire que dans la région, que j'habite, la vigne réussissait dans les terrains calcaires et dans les terrains argileux. Toutefois, je n'hésite pas à donner la préférence à ces derniers. Ainsi les terres *perrucheuses* qui, dans la contrée, occupent les parties hautes, et dont le fond est une argile franche qui colle aux doigts, sont particulièrement propices à la vigne. Mais ces terrains, sans humus profond, nécessitent un travail presque continuel d'amendement ; à ces conditions, les récoltes y sont abondantes et régulières.

Sur certains lieux, qui ne présentent pas assez de pente pour l'écoulement des eaux, le drainage produit de bons effets. Rien de plus simple à expliquer : Les pluies du ciel, après avoir pénétré la couche superficielle de terre, arrivent au banc d'argile, lequel est imperméable ; l'eau suit alors l'inclinaison du sol, et s'amasse dès, qu'elle trouve un obstacle, dans un pli de terrain. Il en résulte souvent une mollesse de la terre, qui nuit aux travaux de la culture. Eh bien, si dans la partie basse, et transversalement aux planches occupées par les ceps, on place souterrainement des tuyaux de drainage, les infiltrations pluviales trouvent à s'écouler par cette voie, et les inconvénients signalés disparaissent. L'opération, comme on voit, ne saurait être coûteuse.

En résumé, après s'être assuré que la position, où l'on établit le vignoble, ne l'expose pas à la gelée, on doit rechercher des terrains, soit à sous-sol calcaire, soit à sous-sol d'argile franche, mais surtout les terrains de cette dernière catégorie.

Ceci dit, passons au mode de plantation des vignes à la charrue.

Le procédé est de la dernière simplicité.

On commence par composer, à l'aide du versoir, des planches de trois mètres. Chaque planche est séparée de la planche voisine par un sillon que l'on creuse le plus profondément possible. C'est dans ce sillon que l'ouvrier fait à la main une petite fosse destinée à recevoir le plant ; celui-ci est transversalement couché dans le fond, la tête sortant extérieurement du sol. Cela fait, on recomble le trou de terre végétale ou de fumier. Quand toutes les rigoles sont préparées, on rechausse de manière que les sillons de démarcations des anciennes planches deviennent les lignes médianes des planches nouvelles. Par ce système, on plante les vignes d'une façon économique et rapide.

D'après mes observations, si l'on ne fait usage d'aucune sorte d'amendement, six jours de travail avec une charrue à deux chevaux et trois hommes, suffisent pour planter un hectare. Le compte est facile à faire. Il faut trois journées de labour pour composer les planches et trois journées pour rechausser. — Total : six journées. Un hectare planté à 4 pieds sur rangs et composé de planches de 3 mètres, contient 2,475 pieds de ceps. En portant à 5 minutes le temps moyen employé à creuser la petite fosse, à coucher le plant et à recombler, nous obtenons 12,375 minutes ou 2,006 heures, ou environ, en supposant la journée de travail de 12 heures, 18 journées d'ouvriers, soit 6 journées pour 3 ouvriers. Si nous estimons maintenant la journée de 2 chevaux et du laboureur à 10 francs, et chaque journée de travail d'homme à 3 francs, nous avons un prix de revient de 114 francs de frais de plantation par hectare. Ajoutez le prix du plant; à raison de 30 francs le mille, 2,475 donneront 74 francs. La dépense totale s'élèvera donc à 188 francs, ou, si l'on veut, en nombre rond, à 200 francs.

J'ai supposé, il est vrai, une plantation sans amendement. Si l'on amende avec de la terre végétale prise sur la propriété, les dépenses varieront selon la proximité du lieu, où on ira la chercher. Mettons 400 francs pour cette dépense, il en résultera que l'hectare planté et amendé reviendra, tous frais payés, à la somme de 600 francs.

En employant des plants enracinés, on commence à récolter à la quatrième année. Evaluons à 200 francs les façons et la perte d'intérêts pendant ce temps. La dépense totale, pour mettre chaque hectare en état de produire, ressortira à 800 francs, ce qui est conforme au chiffre de 8,000 francs, que nous avons assigné, dans le précédent chapitre, aux frais de plantation d'un clos de 10 hectares.

J'ai planté, d'après la méthode qui vient d'être dite, et sans autre amendement que de la terre végétale, plusieurs hectares, et je pourrais citer certaines pièces, créées en 1862, qui m'ont donné en 1865 près de douze pièces et en 1866 vingt-cinq pièces à l'hectare. Les terres sur lesquelles se trouvent plantées ces vignes, n'avaient autrefois qu'une très-faible valeur ; aujourd'hui, elles en ont une grande ; la plantation n'a pas encore atteint l'âge de son rendement normal, et cependant deux récoltes ont suffi à payer le prix de la valeur première du terrain et les frais de sa transformation. Quel avenir est donc réservé à ces vignes ! — Que cet exemple profite à d'autres ; que la culture de la vigne se répande ; on ne saurait rien faire de mieux pour la prospérité générale de la contrée.

Je ne voudrais pas être exclusif ; j'ai indiqué parmi les différents modes de culture, que j'ai expérimentés, celui qui me paraît de beaucoup le meilleur ; mais je ne prétends nullement que ce soit là le dernier mot du progrès. Ainsi l'on parle d'un système qui aurait, paraît-il, la supériorité sur celui dont il vient d'être fait mention.

D'après cette méthode, qui est déjà ancienne et qui commence à se répandre, on plante à 2 mètres sur rangs et on espace les rangs de 7 mètres. Ce grand espace libre permet de laisser aux ceps des membres énormes, qui s'étendent de tous côtés sur le sol et donnent une récolte abondante.

La taille subit dans ce cas une modification heureuse

qui assure au bois la propriété de mieux retenir le fruit.

Tout le monde sait, en effet, que la verge qui prend son attache sur une verge ancienne, a d'autant plus de chance de produire qu'elle puise sa séve plus loin du pied et sur un membre plus vigoureux. Or, pour qu'un cep soit en état de conserver sans danger son vieux bois, il faut nécessairement que ses racines aient assez d'espace pour le nourrir, et c'est ce qui arrive dans la disposition que j'ai relatée.

En définitive, c'est une série de treilles, par terre, plantées dans un ordre régulier, ce qui donne la possibilité de labourer les intervalles.

Un autre avantage attaché à ce système, c'est que dans les premières années de la plantation, alors que la vigne, jeune encore, ne fait que peu d'emprunts au sol, on peut utiliser les espaces compris entre les rangs par toute culture que l'on veut. Les amendements que l'on a apportés sur les lieux, avant d'être utiles à la vigne, servent alors préalablement pour une production étrangère ; mais le principal avantage, ce nous semble, doit consister dans une plus grande économie réalisée dans les frais de main-d'œuvre. M. Bisson, de la Cheveraye, dont j'ai déjà cité l'habileté comme viticulteur, a adopté dans ces dernières années, le mode de plantation que je viens de signaler. Un agriculteur distingué, dont l'exploitation est citée dans le pays avec d'unanimes éloges, M. Barilhet, du château de Rassay, ayant à planter un vignoble sur sa terre, s'est arrêté également au même système. Tout porte donc à croire que la méthode mérite la faveur dont elle est l'objet.

C'est le moment, à présent, de jeter un coup d'œil rétrospectif sur notre travail et de voir le chemin que nous avons parcouru.

Qu'ai-je voulu prouver? C'est que la culture de ma commune et des communes similaires, n'était pas ce qu'elle devrait être. On s'acharne à vouloir faire du blé; ce n'est pas dans la nature de notre sol, et l'on a tort... Qu'on ensemence en froment les meilleures terres, qu'on reporte sur celles-ci toutes les ressources de fumure dont on dispose, bien; on aura chance alors d'obtenir un produit rémunérateur, parce qu'on doublera le rendement par hectare. Mais vouloir faire de la culture céréale la culture principale du pays; vouloir l'étendre à des coteaux arides, qu'on est dans l'impuissance de fumer suffisamment, c'est donner son temps et ses sueurs en pure perte. Une réforme est possible, et je crois l'avoir établi. J'ai montré, en effet, que nos terres dénudées et, en apparence, stériles, possédaient une véritable richesse dans leur sous-sol; que ce sous-sol se prêtait admirablement à la culture de la vigne et que cette culture donnait, tous frais payés, un magnifique revenu. J'ai pris ensuite comme exemple une ferme-type du pays; j'ai modifié la culture générale de cette ferme, j'y ai introduit la culture de la vigne comme élément nouveau; j'ai déduit par chiffres et d'après des données fournies par ma propre expériences, les bénéfices qui devaient résulter de la transformation et je suis arrivé enfin à cette conclusion, que le propriétaire, en outre de l'intérêt à 5 0/0 de ses avances de fonds, doublait presque le revenu de sa terre, tandis que le colon trouvait dans l'œuvre de la réforme une somme d'avantages, qui le plaçaint dans une situation plus favorable encore. J'ai fait toutefois une réserve à l'endroit du colon a savoir que, sauf les dépenses d'amendements estimées annuellement à 1,200 francs, les travaux de la culture proprement dite, dans la *ferme viticole*, ne constituaient pas un surcroît de charges, par rapport aux frais de la culture ancienne. C'est ce qu'il nous reste à démontrer.

Dans mon système de réforme, le fermier doit faire chaque année, en moins, 10 hectares de froment et 10 hectaresd'avoine; et en plus, 10 hectares de vignes à la charrue, d'après le mode économique indiqué précédemment.

Examinons cette double situation.

En moyenne, une charrue de deux chevaux laboure un hectare en trois jours. Or, pour faire du froment, il faut trois façons au versoir, ou bien, quatre façons à la charrue. Dans le pays, la plupart des fermiers se servent de la charrue. Voici ces façons . 1° on relève en avril; 2° on retaille les ornes vers la Saint-Jean; 3° on refend à la fin d'août; 4° on recouvre en septembre. Bien que cela ne soit pas tout à fait exact, je suppose que ces façons demandent uniformément le même temps. Pour 1 hectare, c'est donc 12 journées de charrue; pour 10 hectares 120. Pour être labouré et ensemencé, un hectare d'avoine exige d'autre part quatre journées et demie de travail, pour une seule charrue, soit 45 pour 10 hectares.

Au total, 10 hectares de froment et 10 hectares d'avoine demanderont 165 journées de travail pour une seule charrue

Voyons à présent le travail que nécessitera la culture de 10 hectares de vignes.

Il y a deux labours à donner. Une charrue fait par jour quarante ares de superficie. Les deux façons de labour exigeront donc cinquante journées de travail, pour une seule charrue. Nous avons déjà, en faveur de la culture de la vigne, cent quinze journées de labour, en moins, soit à raison de 6 francs (1) par jour, 690 francs.

_____

(1) Le prix de 6 francs est celui de revient pour le fermier. Nous avons évalué à 10 francs, dans les frais de plantation, le

Continuons. Nous avons à tenir compte maintenant de la taille et des façons à bras.

La taille, dans des vignes vigoureuses, vaut 30 francs par hectare. Quant aux façons, pour des plantations, comme celles dont il s'agit, je paie à forfait 20 francs également par hectare. Ces frais réunis donnent un total de 500 francs pour le clos de 10 hectares.

Un simple rapprochement de chiffres montre que la balance se traduit encore par un excédant de frais à la charge de la culture céréale. L'égalité serait tout au moins assurée.

Nous avons omis, il est vrai, dans cet examen comparatif, certaines dépenses qui s'imposent aux deux cultures ; mais ces dépenses s'équilibrent, comme nous allons le voir, quelque fastidieux que soient ces calculs.

Ainsi, d'un côté, les dépenses de la semaille et du hersage ; de l'autre, les journées de ceux ou de celles (on emploie généralement des femmes) qui posent les fourchines pour soutenir les verges, se compensent à peu de choses près.

Quant aux frais de ramassage, ils varient peu également.

Dans les pays pauvres, on coupe d'ordinaire les blés à chaume. — L'avoine seule se coupe ras le pied.

Eh bien, pour moissonner à la main 10 hectares de froment et chaumer ; pour ramasser, d'autre part, la récolte d'avoine sur la même superficie, il faut approximativement faire la même dépense que pour vendanger 10 hectares de vignes.

Notons en effet, que, pour cette dernière opération, on

prix de la journée de deux chevaux et de leur conducteur, c'est que là il s'agit du loyer accidentel, qui est toujours plus cher.

emploie non seulement les hommes et les femmes, mais encore les vieillards, les enfants et les infirmes. Aussi, d'après ma propre expérience, peut-on estimer à 2 francs, le ramassage de la vendange par pièce de vin.

J'ai supposé que 10 hectares de vignes devaient rapporter, année moyenne, 150 pièces de vin. Les frais de vendange doivent donc être évalués à 300 francs.

Estimons la dépense parallèle.

Ce n'est certainement pas dépasser le chiffre réel que de fixer à dix francs par hectare en moyenne, le ramassage de 10 hectares de froment, 10 hectares de chaume et 10 hectares d'avoine.

Là encore nous retrouvons la somme identique de 300 francs, que nous avons annoncée.

D'un autre côté, la fabrication du vin pour le propriétaire, muni de caves et de pressoirs, avec les faux frais, ressort environ à 1 fr. 50 par pièce.

150 pièces donneront lieu à une dépense de 225 francs.

C'est la représentation approchée des frais pour battre, débourrer et nettoyer les 800 décalitres de froment et les 700 décalitres d'avoine, que pourraient donner dans une ferme actuelle du pays, 10 hectares ensemencés en l'une et l'autre de ces céréales, car on traite généralement pour l'ensemble de ces opérations, à raison de 30 centimes par double, quand il s'agit de gerbes faucillées à la main.

On le voit, sur tous les points de comparaison, nous rencontrons une équivalence parfaite dans les dépenses.

En définitive, l'obligation d'amender le vignoble est l'unique circonstance, qui grève la situation nouvelle. Dans l'évaluation des bénéfices personnels du fermier-vigneron, nous avons d'ailleurs tenu compte de cette source de dépenses, à laquelle nous avons affecté un chiffre fort raisonnable. Cette réserve faite, nous nous trou-

vons toujours en présence des magnifiques profits que
nous avons annoncés et qui ne sauraient donner, ce nous
semble, aucun mécompte.

CHAPITRE IX.

LES BATIMENTS ET L'OUTILLAGE.

Mon dessein, sous cette rubrique, n'est pas d'entrer dans les détails multiples de la construction des bâtiments ni dans ceux de leur outillage.

Comme, au définitive, je propose une réforme radicale de la culture des terres de ma contrée et que le nouveau genre de produits obtenus implique l'existence de certains locaux spéciaux, propres à leur fabrication et à leur conservation, locaux qui n'existent pas dans l'aménagement des bâtiments des fermes actuelles, il est bon, je crois, de donner un aperçu des dépenses, que devra occasionner leur établissement.

C'est du reste, une question que j'ai réservée ; mon système de *ferme viticole* ne présentera en effet, des avantages qu'autant qu'un intérêt raisonnable des frais de constructions sera couvert par la nouvelle culture, et que, sous déduction de cet intérêt, il restera encore un excédant de revenu par comparaison avec le passé.

D'abord, toute closerie un peu importante doit avoir son pressoir et être munie d'assez de cuves pour faire la récolte dans un laps de temps tel, que l'excès de maturité du fruit n'entraîne pas, pour le propriétaire, une perte sensible des produits.

J'ai supposé 10 hectares, entretenus dans les meilleures conditions de prospérité, mon principe étant de faire peu et de faire bien.

Or, 10 hectares de vignes, dans les années d'abondance, pourront donner 250 pièces de vin, et donneront, année moyenne, 150 pièces.

C'est sur cette dernière base qu'il me semble convenable de déterminer le nombre et la capacité des cuves.

D'après mes observations, un pressoir bien outillé doit avoir des cuves en quantité suffisante pour loger, à la première cuvée, les deux tiers de la vendange totale.

Dans notre espèce, il nous faudra de quoi loger 100 pièces, formant les deux tiers des 150 pièces, que nous avons supposé devoir être récoltées.

Je propose alors deux cuves de 40 pièces chacune et la troisième de 20 pièces.

D'après les prix courants, ces cuves bien cerclées de fer reviendront, façon et fournitures, à 1,500 francs, au prix moyen de 15 francs par pièce.

Voilà pour le 1er chapitre.

Quant au choix d'un pressoir, il en est de plusieurs sortes et d'un mécanisme également ingénieux. Je citerai, parmi les plus perfectionnés, le pressoir hydraulique de M. Mirault, mécanicien à St-Aignan (Loir-et-Cher) et le pressoir à vis mobile et à genoux articulés de M. Samain, mécanicien à Blois. C'est ce dernier que j'emploie ; j'en suis extrêmement satisfait.

Les pressoirs Samain sont de plusieurs grandeurs et de prix variables. Bien qu'ils coûtent plus cher que les anciens pressoirs à vis debout, dont la force est également considérable, je voudrais les employer dans ma *ferme viticole*, parce qu'ils sont moins encombrants, d'une manœuvre plus facile, que deux hommes suffisent à les faire fonctionner, et qu'ils réalisent, en fin de compte, une économie de temps. Je crois d'ailleurs, que la 3ᵉ grandeur, qui donne 60,000 kilogrammes de pression et dont le prix est de 900 francs, remplirait dans mon établissement viticole toutes les conditions désirables. Si l'on ajoute 600 francs tant pour la construction d'une maie carrée de 2ᵐ 50, intérieurement, toute en bois de chêne et munie de tables mobiles sur ses côtés, que pour l'acquisition des menus accessoires indispensables, tels que jales, cannelles etc., on obtient une dépense totale de 3,000 fr. pour l'outillage complet propre à la fabrication du vin.

Il nous faut examiner maintenant les frais de construction du bâtiment lui-même.

En pareille matière, on ne peut jamais établir un chiffre fixe de dépense. On construit dans des conditions d'économie ou de cherté, qui varient à l'infini, selon les lieux et les ressources particulières de la propriété où l'on est placé. Celui qui trouve, par exemple, des bois et des moellons à bâtir, sur son domaine, retire un grand profit de cette circonstance. Néanmoins, je crois possible, pour la construction dont il s'agit, de fixer un chiffre moyen duquel on ne saurait, dans tous les cas, s'éloigner beaucoup. Ainsi, il y a quatre ans, j'ai fait bâtir un vaste local, pour loger un pressoir, dans les proportions tout à fait identiques à celles où je voudrais édifier l'établissement viticole de notre ferme.

Cette construction se compose de deux parties : une construction principale et une annexe.

La construction principale mesure 37 pieds de long, sur 22 de large, dans œuvre, et 12 pieds d'élévation ; c'est là qu'est installé le pressoir. — Un grand grenier s'étend au-dessus.

L'annexe comprend trois distributions : une partie médiane et deux parties extrêmes de même grandeur.

La partie médiane forme extérieurement un corps de logis en saillie, attenant au bâtiment principal, et intérieurement, comme une sorte de vaste alcôve, où est placée une cuve, qui tire 45 pièces.—Uu grenier distinct existe sous les combles.

Les deux ailes extrêmes, en forme d'appentis avec croupes, logent également deux cuves de moindre grandeur, lesquelles se trouvent en communication avec le pressoir par deux grandes portes, ménagées dans les murs de séparation.

Qu'elle somme ont pu coûter ces constructions?

En consultant mon livre de dépense, si j'évalue certains matériaux fournis par moi, je vois que cette somme n'a pas excédé 4,000 francs. Il est vrai que je néglige la valeur représentative du travail de mes chevaux et de mes hommes, pour les charrois qui ont été faits ; mais, dans l'évaluation des frais de construction qui nous occupent, nous n'avons pas à faire intervenir davantage cet ordre de dépenses, puisqu'il devra résulter de conventions ultérieures, que le colon aura à sa charge le transport des matériaux des bâtisses, moyennant une indemnité dont nous avons tenu compte par anticipation.

Au surplus, on ne construirait pas dans une ferme, dans les conditions de confortable, de luxe même, où j'ai construit, et l'on réaliserait à coup sûr, de ce coté, une certaine économie sur le chiffre, qui vient d'être dit. Enfin, on pourrait supprimer, sans inconvénient, les deux ailes extrêmes, dont j'ai parlé, en conservant seulement l'annexe médiane, qui est seule véritablement utile, étant donnée l'importance de notre *ferme viticole*.

Malgré ces causes de diminution des frais de bâtisse,

nous maintiendrons le chiffre de 4,000 francs comme la limite supérieure des dépenses, que devra occasionner la construction d'un local, propre à loger un pressoir et des cuves.

Si à ces 4,000 francs, j'ajoute les 3,000 francs que devra coûter l'outillage, nous voyons que l'installation complète de cette première partie de notre établissement viticole reviendra à une somme totale de 7,000 francs.

Avant d'aborder les dépenses de construction d'un cellier, pour conserver le vin, voyons au préalable l'aménagement intérieur du local, où sera installé le pressoir.

Les dimensions que nous avons données plus haut, sont suffisantes pour permettre aux voitures attelées et chargées d'entrer dans l'intérieur même du bâtiment.

Cela se pratique ainsi chez moi, le charretier approche le plus possible sa voiture des tables de support, dont sont munis les bords extérieurs du pressoir, et la manœuvre du déchargement des poinçons se fait sans peine, avec rapidité et sans danger, surtout si l'on fait usage de cet appareil si simple, si ingénieux, et connu de tous, qu'on nomme la grue.

Le prix de revient d'une grue économique, comme celle dont je vais parler est d'environ 70 francs, cordages compris.

Une pièce de bois, en cœur de chêne, pivotant à l'une de ses extrémités sur une pierre dure fixée à la base, tandis que l'autre s'adapte à un soliveau du plafond, fait parfaitement l'affaire. Achetez séparément le système de rouages, qui constitue le treuil; faites le placer à hauteur convenable sur votre pièce de bois; munissez votre appareil d'une poulie et d'un cordage, dont l'extrémité se divisera en quatre branches pour enserrer un poinçon de vendange dans une chaîne de fer munie d'un crochet, et vous aurez composé la grue économique. Or, si celle-ci est placée à coté de la maie du pressoir, de manière à la dominer circulairement sur une certaine surface, rien ne sera plus facile, la voiture étant approchée comme nous l'avons dit, que d'opérer le déchargement des poinçons remplis de vendange, sur les supports extérieurs, dont il a été parlé.

On ne saurait trop recommander ce petit appareil à ceux qui ont un local disposé pour en user. Avec lui, on exécute les mouvements de la manœuvre avec une précision remarquable. Outre que les risques d'accidents, si communs dans beaucoup d'installations, sont ici considérablement diminués, on réalise encore, ce qui est le principal avantage, une grande économie de temps. C'est ainsi que plusieurs fois, en ma présence, une voiture portant six poinçons de vendange, a été déchargée en 10 ou 12 minutes avec l'aide de deux hommes seulement, dont l'un encore était le conducteur de la voiture.

Ceci dit, voyons la suite de la manœuvre.

L'existence d'une annexe, formant alcôve à l'intérieur permet de grouper les trois cuves autour du pressoir central. L'une des cuves de 40 pièces est placée au fond du local fourni par l'annexe, derrière le pressoir ; les deux autres de 40 et de 20 pièces, sont placées à gauche et à droite de celui-ci.

Les voitures entrent donc toutes chargées dans l'intérieur du bâtiment principal et se rangent à proximité du pressoir. Dans cette position, le bras mobile de la grue vient prendre les poinçons, qui sont dans la charrette, et les dispose, comme nous l'avons dit, sur les parois et les supports extérieurs de la maie. La voiture, alors, se retire et l'on procède au foulage de la vendange. Rien de plus rapide que cette opération. On commence par vider

les poinçons successivement sur la maie. Au fur et à
mesure, un homme chaussé de gros sabots, exclusivement
destinés à cet usage, foule avec ses pieds la vendange ;
après quoi il jette à la pelle dans les trois cuves qui entourent le pressoir, les raisins ainsi écrasés. Mais, pour
éviter qu'il ne tombe des grappes dans l'espace vide, qui
sépare les cuves du pressoir, on a recours à une sorte de
couloir en bois blanc, d'un mètre de large, lequel s'appuie au sommet de la cuve qu'il s'agit d'emplir et vient
aboutir à la maie du pressoir. Ce couloir formant un
plan incliné , on conçoit que les raisins, qui peuvent
s'égarer en route, reviennent naturellement au point, d'où
se fait la projection.

Avec ces dispositions, le foulage et la mise en cuve de
la vendange se font avec rapidité et ne donnent lieu à aucun embarras ni frais de main-d'œuvre.

Pour finir cette matière, je crois utile de rappeler un
procédé de fabrication, que beaucoup de propriétaires
emploient aujourd'hui, mais que quelques-uns pourtant
ignorent.

Quand la vendange était dans la cuve, l'ancien usage
consistait à la fouler toutes les vingt-quatre heures, pour
l'empêcher d'aigrir. L'omission de ce soin pouvait en-
traîner parfois la perte de toute une cuvée ; d'autre part,
l'opération du foulage n'était pas sans danger, à cause du
dégagement d'acide carbonique, qui se produit dans la fermentation. Que d'accidents n'a-t-on pas eu à déplorer !
Dans le nouveau procédé, tous ces inconvénients sont écar-
tés. On commence par faire fabriquer un couvercle, en bois
blanc et à claire-voie, que des membrures en bois de
chêne consolident transversalement. Ce couvercle a un
diamètre moindre que le diamètre supérieur de la cuve.
Il peut donc entrer dans celle-ci jusqu'à une certaine

profondeur ; en enfonçant, il refoule la vendange et la maintient à un certain niveau, retenu qu'il est lui-même par des bois debout, qui viennent s'arc-bouter à des crochets de fer fixés aux bords supérieurs de la cuve. Quand la chaleur de la fermentation a dilaté le jus du raisin, celui-ci monte à travers la claire-voie du couvercle, qu'il baigne complétement, tant que le vin ne se refroidit pas. Dans ces conditions, le vin n'aigrit jamais, et l'on peut, sans inconvénient, différer de tirer la cuve pendant dix, douze et quinze jours. Il n'est pas de système à la fois si simple et si fertile en bons effets.

J'ai parlé de l'aménagement intérieur du bâtiment, où est établi le pressoir, et des différentes phases de la manœuvre que comporte la fabrication du vin ; nous arrivons maintenant à la construction d'un cellier.

Nous nous trouvons là en présence de plusieurs difficultés à vaincre. Le vin demande, en effet, pour se bien conserver, à passer la saison chaude dans un local aéré et suffisamment frais ; mais, autant que possible, exempt d'humidité.

Dans toute la vallée du Cher, comme dans celle de la Loire, les côteaux ont généralement un sous-sol de roches calcaires, qui permettent de creuser facilement des caves avec quelques travaux de consolidation à l'intérieur. Ces caves présentent les conditions les plus favorables à la bonne conservation des vins, et sont de précieuses ressources pour ces riches vignobles de la Touraine. Dans les contrées, où ne se rencontrent pas des roches calcaires, on fait bien des caves artificielles à l'aide de voûtes en pierres de taille et des murs extérieurs de soutènement, mais outre que les caves ainsi construites coûtent fort cher, elles ne sont pas exemptes de certains inconvénients, tels que l'infiltration des eaux des couches supérieures du sol, d'où un état d'humidité permanente, qui a pour effet de pourrir les cercles et les barriques. D'un autre coté, un simple cellier établi au niveau du sol, présente dans le fort de l'été, le grave danger d'une température trop élevée et conséquemment nuisible à la bonne conservation des vins. En présence de ces obstacles, j'ai essayé, il y a cinq ans déjà, d'un système de construction dont je n'ai eu qu'à me louer jusqu'à présent, et que je prends la liberté de signaler au lecteur.

Le cellier, que j'ai établi est attenant au bâtiment qui renferme mon pressoir, de telle sorte qu'on passe directement d'un local dans l'autre. Voici comment j'ai procédé :

Le terrain sur lequel s'élève ma construction, est légèrement incliné. J'ai commencé par faire creuser le sol à une profondeur de 1 mètre sur 60 centimètres de large. J'ai rencontré, à cette profondeur, un tuf d'argile grasse, sur lequel j'ai posé des tuyaux de drainage en terre cuite.

A ce propos, une simple observation. La nature argileuse du terrain était-elle particulièrement favorable au fonctionnement du drainage? Je le crois; sur un fond calcaire, je n'aurais sans doute pas obtenu des résultats aussi satisfaisants ; mais le fond argileux est celui qu'on rencontre le plus ordinairement sur toute l'étendue de ma commune, et notamment, comme je l'ai dit, dans les parties qui conviendraient spécialement à la culture de la vigne.

Je continue :

Mes tuyaux posés dans le fossé de fondation des murs, j'ai rempli celui-ci avec des cailloux de moyenne grosseur, lesquels ont formé un second drainage naturel au-dessus du premier. Enfin, sur cette couche de cailloux, j'ai placé des moellons secs, et sur ceux-ci encore d'autres moellons liés au mortier, qui ont servi d'assises aux murs de mon cellier. Les deux murailles longitudinales de ma construction élevées, j'ai fait creuser jusqu'à près de 50 centimètres, l'espace compris entre elles, et les terres sorties du déblai, m'ont servi à leur faire extérieurement de chaque coté, à 1 mètre au-dessus du niveau du sol, un parement de bonne terre, aujourd'hui gazonné, et qui a pour effet d'entretenir une fraîcheur continue, et, par suite une température relativement peu élevée dans l'intérieur.

Maintenant qu'arrive-t-il? Quand le sol est détrempé par les pluies, les eaux d'infiltration pénètrent d'abord dans la première couche de pierres, qui forme le premier drainage, et de celle-ci s'étendent sur le fond d'argile où elles rencontrent les tuyaux de terre cuite, lesquels, par suite de la pente naturelle, les conduisent jusqu'à un fossé extérieur placé à une petite distance.

J'ai construit ainsi un cellier de cent pieds de long sur dix-huit pieds de large, dans œuvre, où, en gerbant une fois seulement, on peut loger aisément trois cents pièces de vin.

Mais en assurant mon cellier contre l'invasion des eaux pluviales, je n'avais vaincu qu'une moitié des difficultés. Il fallait encore trouver un système de couverture, qui interceptât la chaleur des rayons solaires et maintînt la température intérieure à un degré convenable.

J'ai simplement adopté la tuile ordinaire; mais, pour intercepter autant que possible le passage de la chaleur produite par l'échauffement de la couverture, j'ai d'abord établi un faux grenier; puis, donnant à mon plafond la forme d'une voûte à pans coupés, j'ai rempli l'espace compris entre cette voûte et le faux grenier de foin hâché et d'ajoncs; enfin, j'ai plafonné intérieurement en blanc en bourre.

Quant à la charpente, elle se compose de neuf fermes, également distantes, dont les tirants comme les arbalétiers se voient à l'intérieur, sans nuire à l'aspect général du local.

J'ai ainsi obtenu un cellier, dont la température est toujours restée très-convenable. Dans les plus grandes chaleurs de l'année 1865, j'ai remarqué, en effet, que cette température, suivant les indications du thermomètre, ne variait que d'un degré d'avec celle de la cave située au-dessous de ma maison.

En ce qui concerne la dépense, si je néglige les frais de transport et n'évalue que les matériaux fournis par moi, elle peut s'élever approximativement à 3,000 francs.

Au total, ainsi que je l'avais annoncé, la transformation de la ferme ancienne exigerait une mise de fonds d'une dizaine de mille francs pour l'établissement d'un pressoir et la construction d'un cellier, qui missent le colon en mesure de fabriquer et de conserver ses produits.

Nous avons dit qu'au-dessus du local, où est établi le pressoir, se trouve un vaste grenier. Cela nous amène à traiter une question incidente, qui intéresse à un très-haut point l'alimentation publique; je veux parler de la nécessité de former des *greniers d'abondance*, pour maintenir les cours du blé dans les limites les plus rapprochées possible du cours moyen.

S'il était entré dans les desseins de la Providence, que la succession des saisons présentât perpétuellement les mêmes conditions atmosphériques, il en résulterait que, dans chaque pays du globe, *toutes choses restant égales d'ailleurs*, la terre donnerait annuellement une somme à peu près égale de produits. En ce qui concerne particulièrement le blé, dont la consommation, dans une période donnée, ne varie pas sensiblement, nous obtiendrions, dès lors, un prix presque uniforme, qui ne différerait pas beaucoup du prix moyen établi par les mercuriales.

Qu'arriverait-il, dans cette hypothèse ?

Toutes les familles qui achètent le blé sur le salaire quotidien, sachant par avance la dépense à inscrire à ce chapitre, prendraient leurs mesures, dans l'arrangement de leur budget, pour avoir en réserve l'argent nécessaire à leur alimentation.

Malheureusement les circonstances atmosphériques qui déterminent l'abondance ou la disette varient continuellement d'un lieu à un autre, sur toute l'étendue du globe, de telle sorte que l'état des récoltes se présente sous des aspects divers, suivant la latitude, la position géographique et la nature géologique du sol, dans chacun des pays producteurs.

Si chaque État devait seul fournir aux besoins de l'alimentation de ses habitants, on constaterait inévitablement des variations notables et brusques dans les prix des céréales. C'est ce qui arrivait autrefois, en France.

Nous avons déjà eu occasion de dire que le Libre-Échange d'une part, et d'autre part les communications qui existent aujourd'hui dans tous les pays du monde remédiaient en partie à cet inconvénient. Mais le mal entier n'est pas détruit et il ne peut l'être, car il est dans la nature des choses. Le globe est, en effet, soumis lui-même à des différences appréciables dans la masse annuelle de la production céréale. Cela amène des variations correspondantes dans les cours des blés. En France, les prix varient, dans la période inaugurée par le régime actuel, de 13 à 39 francs l'hectolitre. Les malheureux qui sont pris au dépourvu, sans autres ressources que deux bras dont ils ne trouvent pas toujours l'emploi, par cette hausse inexorable dans les prix d'une denrée de première nécessité, sont dignes de tout notre intérêt comme de toute notre pitié.

Eh bien, examinons s'il n'y a pas moyen de resserrer encore les limites entre lesquelles gravite ou s'abaisse le prix du blé.

En bonne économie domestique, que fait le chef de famille, producteur de blé? De sa récolte, il fait deux parts. L'une est mise en réserve pour l'alimentation de sa maison, l'autre est livrée au commerce.

Procédons par analogie.

Supposons que la France soit le domaine exploitable d'un seul homme, et que toute la population constitue sa famille, à l'alimentation de laquelle il doive pourvoir tout seul. Quelle ligne de conduite devra-t-il suivre? Évidemment, il se montrera prévoyant en faisant des réserves au sein même du pays, de manière à ne pas être forcé, dans les années de disette, d'importer en France des blés étrangers, dans les conditions les plus onéreuses.

Mais nous avons supposé une pensée unique imprimant à l'industrie agricole et au commerce une économie uniforme, pour tout ce qui concerne l'alimentation. Cette hypothèse est contraire à la législation, qui établit le Libre-Échange, et qui, considérant l'agriculteur comme un industriel ordinaire, lui laisse la faculté de trafiquer de ses produits comme il l'entend.

Or, qu'arrive-t-il? C'est que, dans les années d'abondance, la France exporte ses froments à 15 francs, et qu'elle en importe, au contraire, au prix de 30 et 35 francs l'hectolitre, quand les récoltes font défaut. Il saute aux yeux de tout le monde que cette manière de faire présente l'énorme inconvénient d'élever facticement le prix des blés, puisque ce prix se trouve chargé de deux sortes d'éléments parasites : celui des frais de transport, d'abord, et ensuite celui des bénéfices réalisés par les intermédiaires.

A la vérité, on ne saurait se le dissimuler, la plupart des cultivateurs sont dans l'obligation de vendre leurs denrées, au fur et à mesure qu'ils les récoltent; et cela, pour deux raisons: la première, c'est que le fermier n'est pas toujours en mesure d'entretenir autrement son fonds de roulement ; la seconde, c'est que la conservation des grains demande des locaux considérables, qui, dans les grandes exploitations, ne sauraient que fort rarement se trouver en rapport avec l'importance des produits.

Mais, de ce que certaines impossibilités matérielles ont amené un état de choses contraire à bien des intérêts privés et à l'intérêt général, en résulte-t-il qu'il ne faille pas signaler une opération de laquelle doit naître, pour le propriétaire ou le fermier en état de la mettre en pratique, un bien qui tourne ensemble à l'avantage de son auteur et du public?

Oui, nous le répétons, celui qui construit ne doit pas oublier le grenier à blé, parce qu'il peut y établir des *greniers d'abondance*, qui ont un but éminemment utile. C'est ce qu'il s'agit de démontrer.

Posons d'abord un principe que nous croyons vrai ; c'est que, dans les années de grande abondance ou de disette, les cours ne sont jamais en rapport exact avec l'état de la récolte. Il y a ordinairement de l'exagération dans l'un et l'autre cas ; dans le premier, c'est la vilité des prix ; dans le second, la cherté excessive.

Ces deux effets s'expliquent parfaitement.

Est-ce l'abondance? L'équilibre de l'offre et de la

demande se trouve rompu, et les cours baissent démesurément. Ils arrivent parfois à ne plus être rémunérateurs.

Est-ce la disette? En même temps que les éléments parasites, dont nous avons parlé, élèvent facticement les prix, la panique s'empare du marché ; les approvisionnements se multiplient, et le public, saisi de vertige, par la précipitation des demandes, imprime aux cours une ascension profondément regrettable.

Séparons les situations, et voyons de quel effet va être, au point de vue de l'intérêt des masses d'abord, l'existence des *greniers d'abondance*.

Premier cas. — L'année a été bonne ; le froment est à bas prix ; la classe des travailleurs satisfait à ses dépenses avec le montant du salaire journalier. Là, le *grenier d'abondance* ne joue aucun rôle.

A coup sûr, il serait bon que, ces années-là, les familles pauvres mîssent quelque chose de côté pour les temps de disette. Quelques-unes le font ; d'autres s'en dispensent. Encourageons les premiers et exhortons les seconds ; mais ne soyons pas exclusifs au point de ne pas admettre les imperfections inhérentes à la nature humaine. On ne fera jamais que tous ceux, généralement, qui vivent la plupart du temps dans un état de privations forcées, montrent assez de sagesse pour prévoir, aux jours prospères, les années difficiles. Seules les caisses de boulangerie, pourraient arriver dans une période donnée à une utile pondération des ressources et des charges de certains budgets de la classe des travailleurs. Malheureusement leur économie se prêterait mal à une entière généralisation.

Deuxième cas. — Nous sommes dans une période de cherté ; les blés se font rares ; les cours atteignent des prix, qui excèdent les ressources courantes de la plupart des familles. De quel effet ne seront pas alors les offres de nos propriétaires prévoyants, qui vont produire tout à coup un énorme approvisionnement dans les marchés locaux ? Par le fait qu'ils auront précédemment conservé leurs récoltes, ils vont maintenir les cours à un chiffre normal ; ils vont surtout opposer une barrière à ces paniques populaires, qui, exagérant l'importance du mal, causent parfois de plus dangereux effets que la disette elle-même ; en un mot, ils rendent un véritable service aux classes besoigneuses, puisqu'ils allégent dans une certaine mesure un fardeau déjà bien lourd de lui-même.

Maintenant les propriétaires qui ont gardé leurs blés, en servant la cause du public, ont-ils fait une chose utile à leurs intérêts ? Oui, le plus ordinairement ; car s'ils eussent vendu lors de la vilité des cours, il est possible qu'ils n'eussent pas retiré de leurs denrées un prix rémunérateur. En différant la vente, ils ont à tenir compte des frais d'entretien, de la perte résultant de la dessiccation, de la perte d'intérêts, etc. Or, dans les annales de l'histoire, les périodes des plus longues années de disette et d'abondance, n'ont jamais excédé sept années, comme semble vouloir nous le rappeler l'antique parabole des sept vaches maigres et des sept vaches grasses. Cela étant admis en thèse générale, l'expérience a depuis longtemps établi que la conservation des grains, durant un laps intermédiaire, est une opération profitable à celui qui la pratique.

Maintenant, pour calmer les susceptibilités du public, qui accuse d'avidité les propriétaires qui conservent leurs denrées, je ferai observer que, dans aucun cas, les bénéfices, qu'ils réalisent, ne sont empruntés à une perte supportée par les classes nécessiteuses, comme on va le comprendre.

D'abord, on ne saurait dire que le producteur qui s'est abstenu de vendre dans les années de bas prix, a arrêté la baisse graduelle des cours, dont le public aurait profité dans une plus large mesure.

En effet, il faut remarquer que l'avilissement des prix est produit par le fait même d'une abondance, que l'impression première du public exagère souvent et qui, multipliant les offres, déborde à la fois de toutes parts et couvre bien au delà des demandes. D'autre part, les producteurs en position de garder des blés, sont relativement si peu nombreux, que leur abstention, dans ces circonstances, ne saurait avoir une influence appréciable sur la tenue du marché. On le voit, le public ne rencontre là aucun préjudice. Aussi bien, le bénéfice réalisé par le propriétaire, qui a conservé ses grains, n'est-il en réalité que la représentation de cet élément parasite du prix de transport et du gain des intermédiaires, qui affecte forcément le cours des blés importés dans un pays, dont la récolte ne suffit pas à le nourrir, alors que ce même pays a exporté lui-même, dans une année fertile, un excédant de récolte, qu'il lui serait avantageux d'avoir mis en réserve et de retrouver, au temps de la disette.

Je me résume. *Les greniers d'abondance* ont pour effet de resserrer les limites extrêmes du cours des grains, et de les rapprocher le plus possible du cours moyen. S'ils pouvaient se multiplier, ils réaliseraient en partie les bienfaits qui ressortent de l'hypothèse, où nous nous sommes d'abord placé, d'une pensée unique assurant à l'alimentation publique de larges approvisionnements, à l'instar de ce qui a lieu pour la consommation particulière des familles.

Notons, pour terminer, que celui qui aurait à construire des greniers pour garder, dans certains cas, ses récoltes, ne ferait pas une opération fructueuse, le bénéfice ne devant pas couvrir la dépense, je dis simplement, qu'il faut profiter de ce qu'un bâtiment, ayant une destination quelconque, possède un grenier pour mettre en pratique cette théorie véritablement utile de la conservation des grains.

Dans l'espèce spéciale de *ma ferme viticole*, je crois que le colon partiaire ou à son défaut le propriétaire, en dehors du service particulier auquel est affecté le local où le pressoir installé, devra également retirer, à l'occasion, un sérieux avantage du grenier placé au-dessus.

CONCLUSIONS

Je l'ai dit ; à considérer l'état actuel de ma commune, c'est un pays pauvre. La population, honnête, de mœurs pacifiques, économe, a toujours vécu dans les privations. Du reste, elle semble jusqu'ici dépourvue de tout esprit d'initiative. Est-ce étonnant, sur un sol où l'insuccès de la culture rebute toute persévérance ; dans un pays, où jamais personne, en voyant son voisin s'enrichir, n'a conçu la pensée de s'enrichir soi-même ?

Donc, ce qui manque aux habitants de la contrée, c'est le spectacle d'une activité plus grande imprimée aux travaux de la culture générale et l'exemple d'une réussite toujours pleine d'enseignements.

Eh bien ! qu'on se le rappelle, si la couche superficielle

du sol est stérile, le sous-sol possède une richesse latente, que le génie du travail peut faire jaillir à un moment donné et qui est assez considérable pour enrichir le pays tout entier.

Que tous les efforts de la culture se portent donc sur la vigne !

La culture de la vigne a donné assez de preuves de prospérité, pour que je ne doute pas un seul instant que le programme de la transformation, que je rêve, ne puisse être parfaitement rempli.

Pour qu'il le soit, une chose surtout est nécessaire, c'est que, à côté de l'intérêt du propriétaire, il y ait aussi place pour l'intérêt du travailleur.

Une large rémunération du travail est, en effet, la première condition pour régénérer l'agriculture dans un pays maigre.

La difficulté du problème était donc de mettre le propriétaire en mesure de satisfaire aux charges résultant de l'élévation des salaires.

Nous pensons avoir trouvé la solution.

Dans l'organisation de notre *ferme viticole*, les bénéfices de la culture nous semblent avoir été équitablement répartis entre le maître et le colon. L'un et l'autre y trouvent une situation prospère. Ceci admis, voyons-en, pour la contrée, les conséquenses économiques et sociales.

Si la transformation de la ferme, au lieu d'être un fait isolé, prenait un caractère de généralité, rien que les dépenses auxquelles donnerait lieu cette transformation. jetterait un germe de richesse dans le pays ; car l'argent qu'on emploie aux travaux — comme le sang, qui sous le battement de cœur va aux extrémités du corps — descend des mains de celui qui le dépense, aux couches extrêmes de la classe des travailleurs. De là un premier bien pour la contrée.

Ce n'est pas tout; les profits de la culture étant suffisants pour rémunérer largement le travail, qu'en résultera-t-il ? C'est que les bras, loin de manquer, afflueront. Le travailleur, gagnant de forts salaires, s'il est laborieux et rangé, sera en état de mettre de côté de quoi avoir, un jour, son lopin de terre à soi. Que cette espoir puisse seulement être permis au plus pauvre, et vous aurez bientôt, au sein de la population, un noyau d'hommes honnêtes, pratiquant ces vertus simples, qui font les bons citoyens et qui ont nom : l'amour du travail, l'ordre, l'économie. Au reste, ces vertus-là sont innées chez beaucoup de gens de campagne. C'est bien pourquoi dans les contrées, où l'aisance, par suite de la prospérité de la culture, s'est infiltrée dans les masses, on a vu les parties les plus délaissées du sol tomber aux mains de la classe enrichie des travailleurs, et se transformer rapidement par leurs laborieux efforts.

Pour moi, j'y veux voir un bienfait social, parce que le morcellement du sol, s'il a de mauvais effets sous certains rapports, est favorable, en somme, au développement de la production ; et ensuite, parce que je crois que le sentiment de la propriété, répandu au cœur même du pays, est la meilleure sauvegarde contre les entreprises subversives de ceux, qui s'attaquent aux institutions les plus sacrées de la société.

Nous venons d'indiquer, en quelques traits, les bienfaits multiples qui résulteraient de la transformation de la culture pour le pays et spécialement pour la classe si nombreuse de ceux qui travaillent. Ajoutons que le propriétaire foncier, en dehors des avantages immédiats qu'il rencontre, trouverait dans un avenir plus ou moins éloigné un avantage capital dans le fait même de la prospérité générale de la contrée, où est placé son domaine. Pour le comprendre, il suffit d'énoncer la règle, qui veut que la valeur du sol, dans un pays, soit en raison directe du degré d'activité, qui y règne. Si donc l'extension de la culture de la vigne devait modifier un jour la situation de la contrée, le propriétaire y trouverait le bénéfice d'une plus-value considérable de ses terres.

Dans cet ordre d'idées, mon opinion est que ma commune, et toutes les communes similaires qui l'entourent, ont beaucoup d'avenir. Les terres s'y achètent généralement sur le pied moyen de 500 francs l'hectare. Pour ce qui est de leur valeur locative, elles s'afferment environ 15 francs l'hectare. C'est extrêmement peu, mais eu égard au bas prix d'acquisition première, c'est encore un placement à 3 0/0, qui est le taux le plus ordinaire des placements fonciers, en France. Or, ainsi que cela résulte de notre travail, la production du sol, et, par suite, la valeur vénale de celui-ci, n'est faible, que parce que la terre ne reçoit pas, dans notre pays, la culture qui lui convient le mieux. Celui qui achète une certaine étendue de terres et qui rend à celles-ci leur destination de culture véritable, profite, en fin de compte, pour en donner un prix peu élevé, de ce que toute la richesse, que le sol est susceptible de donner, n'est pas mise en évidence par une exploitation effective ; mais la faculté productrice de ce sol n'en est pas moins réelle, et elle n'attend pour se manifester qu'une intelligente initiative. L'acquéreur peut donc retirer le profit direct, qui doit résulter de la transformation de la culture, soit comme agent créateur, soit comme simple bailleur de fonds.

Bien plus, étant supposée maintenue la culture actuelle, je prétends que dans un pays comme le mien, où le succès de la vigne est un succès acquis quoique restreint, mais où la faveur attachée à cette culture se développe chaque jour davantage, je prétends, dis-je, que le propriétaire foncier est appelé au bénéfice éventuel de la plus-value du sol dans une proportion bien plus large que dans les contrées, où les progrès de la culture sont à leur niveau naturel.

Le progrès a toujours une marche lente, mais il gagne insensiblement du terrain et il finit toujours par toucher là, où il semblait qu'il ne dût jamais atteindre. Lorsqu'un pays recèle des ressources cachées, s'il fait fausse route dans le choix de la culture qu'il adopte, il arrive toujours une époque, où, nouveaux Colomb de la richesse exploitable, les hommes d'une génération progressiste le découvrent pour ainsi dire une seconde fois, et le désignent comme une source nouvelle de production. Eh bien ? dans un temps plus ou moins éloigné, quand l'usage du vin sera devenu général sur toute l'étendue du globe, quand, par suite, la production actuelle sera insuffisante en présence d'une si vaste consommation, je crois sincèrement que ce pays-ci, qu'une culture mal appropriée à la nature du sol a classé parmi les contrées les moins fertiles reprendra son rang naturel parmi les bons pays producteurs ; qu'il se couvrira de riches vignobles et que, dès lors, son sol aura une valeur supérieure peut-être à celle des meilleures terres à blé.

J'ai supposé, dans tout le cours de cet ouvrage, un propriétaire transformant une ferme d'un faible rapport en une ferme viticole, à colonage partiaire, et doublant son revenu. Je prends maintenant la position d'un acquéreur adoptant, pour le domaine qu'il achète, le même système, et j'examine les conditions de son placement.

Supposons une ferme de 60 à 70 hectares, puisque

c'est là, pour la superficie, la ferme-type que nous avons prise pour la démonstration de notre système. La ferme, acte en main, d'après les bases ci-dessus indiquées, reviendra au plus à une valeur de 40,000 francs. Si l'acquéreur dépense une vingtaine de mille francs en plantations de vignes et en constructions, la somme totale, qu'il aura à débourser s'élèvera à 60,000 francs. Or, d'après la démonstration contenue dans cet ouvrage, s'il [donne cette propriété ainsi constituée à un colon partiaire, son revenu moyen, net d'impôts, devra être de 3,000 francs, ce qui donne un intérêt de 5 0/0 du capital employé. C'est là un revenu de beaucoup supérieur au revenu moyen des placements en terres.

Les meilleurs valeurs de la Bourse, je veux dire celles, qui laissent pour l'avenir le moins de prise aux éventualités ruineuses, ne fournissent pas un placement à un taux d'intérêt aussi élevé. Cependant la propriété foncière qui présente toute sécurité de placement, outre le revenu direct qu'elle donne, procure une autre sorte de revenu, d'un ordre tout immatériel, et qui prend sa source dans la jouissance attachée à la possession même. L'homme, qui tire 5 0/0 du capital d'achat d'un domaine, a donc fait ce qu'on appelle une bonne affaire. Mais ce qui rend sa position particulièrement avantageuse, ce n'est pas tant le taux plus ou moins élevé de l'intérêt, que lui donne son capital, que ce fait qu'il détient en sa possession un fonds, ayant une valeur absolue, et non soumis par conséquent à une dépréciation postérieure.

L'argent, au contraire, subit une dépréciation progressive ; l'argent n'étant qu'un signe symbolique et palpable de la richesse, perd de sa valeur dans une proportion presque mathématique de la quantité de lingots mis en circulation. Par suite des découvertes des mines de la Californie et de l'Australie, depuis vingt ans surtout, nous avons vu le numéraire se déprécier d'une manière très-sensible. Or, cette dépréciation suivra vraisemblablement son cours indéfini, car il est constant qu'il existe un nombre incalculable de milliards en métaux précieux, que le génie et l'industrie des hommes n'ont pas encore extraits des profondeurs, qui les recèlent. Si l'argent perd ainsi chaque jour de sa valeur relative, que deviendront les placements à *intérêt fixe*, aux époques peut-être peu éloignées, où son abondance aura numériquement doublé le prix des objets de la consommation ? Le chiffre du taux d'intérêt sera resté le même ; mais, en fait, le revenu d'origine aura baissé.

Pour les placements fonciers, rien de tout cela n'est à craindre.

Sous un régime de culture normal, le sol devra toujours donner, en effet, une somme de produits à peu près égale. Or, c'est la production même du sol, abstraction faite de sa valeur monétaire, qui forme pour le propriétaire la véritable richesse, c'est-à-dire la richesse échangeable. Qu'importe alors une dépréciation ultérieure de l'or et de l'argent ? La propriété foncière donnera toujours le même revenu absolu, lequel aura une représentation en numéraire, qui augmentera en raison arithmétique de cette dépréciation.

Pour en revenir à la question qui nous occupe, — l'établissement de la *ferme viticole*, — nous avons prouvé, avec chiffres à l'appui, que le résultat définitif de l'opération était un placement foncier au taux exceptionnel et bien réel de 5 0/0. Cela constitue, je crois, un fait agricole digne de fixer l'attention et que j'ai cru utile de soumettre au public.

On pourra objecter qu'un capital disponible ne suffit

pas pour la mise en pratique de mon système. L'industrie individuelle, dira-t-on, doit y avoir une large part. Ne faut-il pas que celui qui prend à tâche de transformer la culture générale d'une ferme, d'y planter des vignes, d'y construire un établissement viticole, de munir cet établissement d'un outillage complet, ait, en dehors des connaissances et de la capacité nécessaires, le loisir de se consacrer à une œuvre, qui n'est pas sans difficultés ?

L'objection est sérieuse, je n'y contredis pas. Aussi n'ai-je point la pensée de prétendre que le système, dont j'ai essayé de démontrer les avantages, soit susceptible d'une application générale ; mais il suffit que ce système soit vrai ; il suffit que l'exécution soit à la portée de quelques-uns pour que je ne crois pas tout à fait inutile la tâche à laquelle j'ai apporté une étude consciencieuse.

Je ne terminerai pas sans faire appel aux capitaux, qui seuls peuvent vivifier notre agriculture. Onze cents millions sont aujourd'hui enfouis dans les caves de la Banque de France. Qu'un seul de ces millions vienne élire domicile dans ma contrée ; qu'il féconde son sol calomnié ; qu'il fasse jaillir l'abondance de nos coteaux incultes ; l'impulsion une fois donnée, la rumeur publique redira les prodiges de cette transformation et l'exemple sera suivi partout.

Et vous, hommes d'affaires, commerçants, magistrats, qui avez passé votre vie à travailler, et dont les habitudes laborieuses s'accommodent mal de l'oisiveté, quand vient le temps de la retraite ; vous, bourgeois désœuvrés ; vous, fils de famille, qui dévorez votre jeunesse et vos fortunes dans des plaisirs sans charmes ; vous tous qui avez une intelligence, dont vous ne faites rien ; venez, consacrez-vous à ces grandes œuvres agricoles, qui seront également profitables au pays et à vous-mêmes. La richesse de la France s'accroîtra de quelques belles contrées, conquises par le travail sur les forces inertes de la nature. Là où vous viendrez être la pensée dirigeante, des familles sans nombre, qui trouveront un salaire largement rémunérateur dans l'impulsion donnée par vous aux travaux, salueront et béniront votre présence.

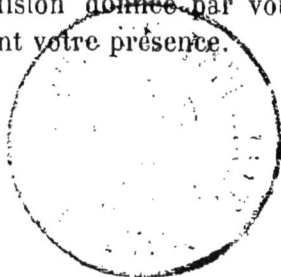

FIN.

Paris.-Imp. PAUL DUPONT, 45, rue de Grenelle-Saint-Honoré

TABLE DES MATIÈRES.

Paris.-Imp. PAUL DUPONT, 45, rue de Grenelle-Saint-Honoré

www.ingramcontent.com/pod-product-compliance
Lightning Source LLC
Chambersburg PA
CBHW071629200326
41519CB00012BA/2218